"十二五"职业教育国家规划教材
经全国职业教育教材审定委员会审定

Access 2010

中文版项目教程

姜继红 喻红兰 ◎ 主编

张重骏 何凤梅 郭继红 ◎ 副主编

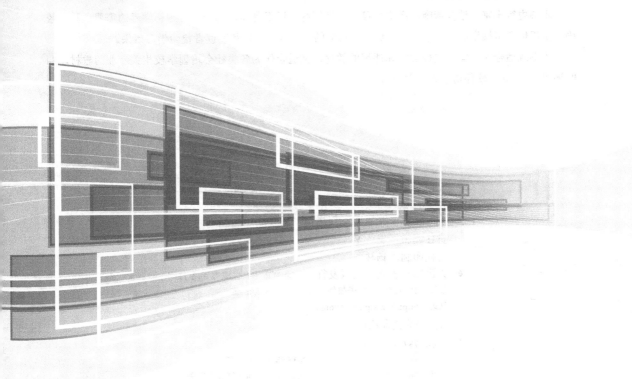

人民邮电出版社

北 京

图书在版编目（CIP）数据

Access 2010中文版项目教程 / 姜继红，喻红兰主编
. -- 北京：人民邮电出版社，2015.8（2021.1重印）
"十二五"职业教育国家规划教材
ISBN 978-7-115-39184-1

Ⅰ. ①A… Ⅱ. ①姜… ②喻… Ⅲ. ①关系数据库系统
—中等专业学校—教材 Ⅳ. ①TP311.138

中国版本图书馆CIP数据核字(2015)第162735号

内 容 提 要

本书从基础入手，以开发一个完整的数据库为例，详细介绍数据库的创建过程，包括数据库的创建与操作、表的创建与维护、查询的创建与使用、窗体的创建与设计、报表的创建与设计、宏的创建与运行、数据库的管理与安全设置等内容。全书由浅入深地对 Access 进行讲解，以示例为引导介绍 Access 的各项功能，通过对本书的学习，读者可以轻松地掌握 Access 2010 的基本知识和创建方法，独立完成一个基本的数据库开发工作。

本书内容丰富、结构清晰、图文并茂、语言简练、通俗易懂，充分考虑到初学者的需要，具有较强的实用性和可操作性。每个项目最后都有相应的练习题，用以帮助读者检验学习效果。

本书既适合作为职业院校数据库课程的教材，又适合作为各类社会培训学校相关专业的教材，同时还可供 Access 软件初学者自学使用。

◆ 主　　编　姜继红　喻红兰
　　副 主 编　张重骏　何凤梅　郭继红
　　责任编辑　王　平
　　责任印制　杨林杰

◆ 人民邮电出版社出版发行　　北京市丰台区成寿寺路 11 号
　邮编　100164　　电子邮件　315@ptpress.com.cn
　网址　http://www.ptpress.com.cn
　涿州市京南印刷厂印刷

◆ 开本：787×1092　1/16
　印张：14　　　　　　　　　2015 年 8 月第 1 版
　字数：365 千字　　　　　　2021 年 1 月河北第 8 次印刷

定价：32.00 元
读者服务热线：(010)81055256　印装质量热线：(010)81055316
反盗版热线：(010)81055315
广告经营许可证：京东市监广登字 20170147 号

前 言 PREFACE

Access 2010 是 Microsoft 公司推出的关系型数据库管理系统，是 Microsoft Office 2010 产品的组件之一。Access 不需要用户具有高深的数据库知识，就能够很简单地完成数据库的创建、检索、维护等功能，还可以创建友好、美观的操作界面。它是一个功能强大的数据库管理工具，操作简单，易于维护。Access 是当今中小型数据库管理系统软件中最出色的软件之一，深受广大用户的喜爱。

本书根据教育部最新专业教学标准要求编写，邀请行业、企业专家和一线课程负责人一起，从人才培养目标、专业方案等方面做好顶层设计，明确专业课程标准，强化专业技能培养，安排教材内容；根据岗位技能要求，引入了企业真实案例，力求达到"十二五"职业教育国家规划教材的要求，提高职业院校专业技能课的教学质量。

教学方法

本书在内容上选取学生熟悉的"驾校学员管理系统"数据库应用系统为例；在编写体例上采用"项目式"教学法，每个项目介绍一个完整的知识点；以示例为引导，使用简洁的文字表述，采用大量的操作图片，图文并茂，直观明了，使学生能够迅速掌握相关的操作方法。

本书结构清晰，注重 Access 技术在实践应用环节的教学训练，涵盖了数据库应用课程的基本教学内容。

教师一般可用 72 课时来讲解本书内容，也可结合实际需要进行课时的增减。

教学内容

本书详细介绍了数据库创建的过程，共分为 8 个项目，每个项目的内容如下。

- **项目一：**介绍了数据库的创建与操作，包括 Access 2010 的入门知识、数据库的创建、数据库格式的转换等内容。
- **项目二和项目三：**介绍数据表的创建与维护，包括数据表的创建、数据表的编辑、数据表的操作、字段属性的设置、数据的排序与筛选、创建表之间的关系等。
- **项目四：**介绍查询的创建与使用，包括选择查询、交叉表查询、参数查询、操作查询、SQL 查询的创建与使用。
- **项目五：**介绍窗体的创建与设计，包括窗体的创建、控件的添加、窗体的设计等。
- **项目六：**介绍报表的创建与设计，包括报表的创建、报表的设计、报表的打印等。
- **项目七：**介绍宏的创建与运行，包括宏的创建、宏的调试、宏的运行等。
- **项目八：**介绍数据库的管理与安全设置，包括数据库的压缩与修复、数据库的备份与恢复、设置数据库密码、生成 ACCDE 文件、数据库的打包、签名和分发等内容。

教学资源

为方便教师教学，本书配备了内容丰富的教学资源包，包括案例用到的素材文件、数据库文件、PPT 电子教案、习题答案、教学大纲和 2 套模拟试题及答案。任课老师可

本书由姜继红、喻红兰任主编，张重骏、何凤梅和郭继红任副主编。由于作者水平有限，书中疏漏之处在所难免，敬请读者指正。

编者

2015 年 6 月

目 录 CONTENTS

项目七　宏的创建与运行　　183

项目八　数据库的管理与安全设置　　203

PART 1

项目一
数据库的创建与操作

Access 2010 是一个功能强大的关系型数据库管理系统，它是 Office 2010 的一个组成部分，具有与 Word、Excel 和 PowerPoint 等软件相同的操作界面和使用环境。

Access 不需要用户具有高深的数据库知识，就能够很简便地完成数据库的创建、检索、维护等功能，还可以创建友好美观的操作界面，是一个功能强大的数据库管理工具，它操作简单、维护容易，是当前中小型数据库管理系统软件中最出色的软件之一。

Access 数据库不仅存储数据，所有与数据处理相关的信息都存放在这个数据库中。在 Access 数据库管理系统中，数据库是一个容器，存储着数据库应用系统中的其他数据库对象，这样就方便了数据库对象的管理。因此，在 Access 中进行任何数据处理操作之前，先要创建一个数据库。

在 Access 中创建一个数据库就是创建一个 Access 数据库文件。数据库文件的扩展名为"*.accdb"，Access 所提供的各种对象都存放在这个数据库文件中。

课堂案例展示

本书以开发一个"驾校学员管理系统"数据库应用系统为例讲解文件的创建与操作。首先创建一个"驾校学员管理系统"数据库文件，如图 1-1 所示，然后对这个数据库文件进行操作，包括打开/关闭数据库、设置数据库默认的文件夹、转换数据库格式、设置数据库默认的文件格式等。转换数据库格式如图 1-2 所示，设置数据库默认的文件格式如图 1-3 所示。

图1-1 创建的"驾校学员管理系统"数据库

图1-2 转换数据库格式

图1-3 设置数据库默认的文件格式

知识技能目标

- 掌握使用模板创建数据库的方法。
- 掌握创建空数据库的方法。
- 掌握 Access 的启动和退出方法。
- 掌握数据库的打开与关闭方法。
- 掌握数据库格式的转换方法。
- 熟悉数据库默认文件夹的设置方法。
- 熟悉数据库默认文件格式的设置方法。
- 掌握导航窗格的使用。
- 掌握 Access 2010 的联机帮助功能。

任务一 创建数据库

数据库是计算机应用系统中一种专门管理数据资源的系统，是计算机科学的重要分支。数据库的应用领域非常广泛，已经成为信息系统的重要核心技术。

数据库是结构化的数据集合。它的数据的冗余降到最低，数据之间有紧密的联系，管理系统通过合理的设计，将信息和数据有机地组织在一起，方便用户进行信息查询、统计和管理。根据数据之间联系的表示方式，数据库的基本数据模型可分为 3 类：层次模型、网状模型和关系模型。数据库系统相应地分为层次型数据库系统、网状型数据库系统和关系型数据库系统。

层次模型和网状模型是早期的数据模型。关系模型是建立在关系代数基础上的，具有坚实的理论基础。关系模型具有数据结构单一、理论严密、使用方便、易学易用的特点，因此，数据库软件几乎都使用关系数据库结构。目前流行的关系数据库管理系统包括 Access、SQL Server、FoxPro、Oracle 等。

Access 2010 提供了两种创建数据库的方法，一种是使用模板创建数据库，另一种是直接创建空数据库。使用模板创建数据库的方法很简单，因为模板已经定制了常用的数据库对象。创建空数据库的方法灵活，可根据实际问题的需要，添加表、查询、窗体、报表等其他数据库对象，操作较为复杂。

（一） 使用模板创建数据库

为了方便用户的使用，Access 2010 提供了一些标准的数据库模板。Access 模板是一个在打开时会创建完整数据库应用程序的文件。数据库一旦打开将立即可用，并包含开始工作所需的所有表、窗体、报表、查询和宏等。因为模板已设计为完整的数据库解决方案，所以使用它们可以节省时间和工作量，并能够立即开始使用数据库。

【操作步骤】

STEP 1 选择【开始】/【所有程序】/【Microsoft Office】/【Microsoft Access 2010】命令，启动 Access 2010，打开 Access 2010 的窗口，如图 1-4 所示。

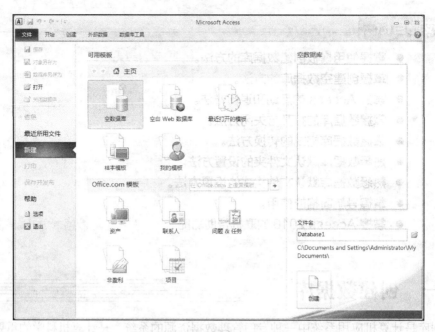

图1-4 Access 2010 的窗口

多学一招

用鼠标右键单击【开始】/【所有程序】/【Microsoft Office】/【Microsoft Access 2010】命令，在弹出的快捷菜单中选择【发送到】/【桌面快捷方式】命令，即可在桌面上创建 Access 2010 的快捷方式图标；双击桌面上的 Access 2010 快捷方式图标，即可启动 Access 2010。

STEP 2　单击【文件】选项卡上【新建】命令的【可用模板】栏中 ▄(样本模板)图标，显示本地模板列表，如图 1-5 所示。

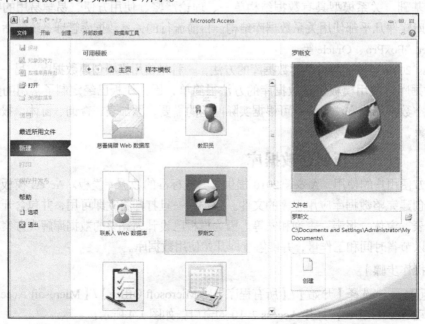

图1-5 本地模板列表

单击【文件】选项卡后，会看到 Microsoft Office Backstage 视图。Backstage 视图是 Access 2010 中的新功能，包含很多以前出现在 Access 早期版本的【文件】菜单中的命令。在 Backstage 视图中，可以创建新数据库、打开现有数据库、通过 SharePoint Server 将数据库发布到 Web，以及执行很多文件和数据库维护任务。

STEP 3 在本地模板列表中列出了本机的模板文件，根据需要选择模板。例如单击 （罗斯文）图标，在窗口的右侧显示创建的数据库文件名和保存路径。如果需要更改数据库文件的文件夹，可以单击【文件名】文本框右面的 图标，打开【文件新建数据库】对话框，如图 1-6 所示，选择要保存数据库文件的文件夹，单击 确定 按钮，回到如图 1-5 所示的窗口。

图1-6 【文件新建数据库】对话框

STEP 4 在【文件名】文本框中输入数据库的文件名"罗斯文"，然后单击 （创建）按钮，此时得到使用模板创建的数据库，如图 1-7 所示。

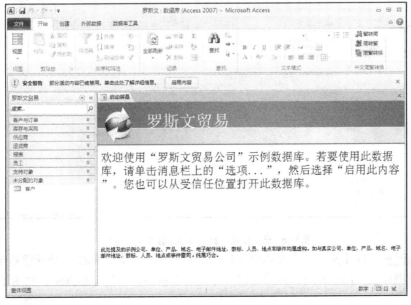

图1-7 使用模板创建的数据库

多学一招 在联接互联网的情况下，在图 1-4 所示的【文件】选项卡中浏览或搜索 Office.com 上的模板，可通过 Microsoft Office Online 下载模板。

使用模板创建数据库的方法比较简单，但这些模板不一定符合用户的要求，可以对这些模板加以修改，创建一个需要的数据库。

课堂练习 使用模板创建"销售渠道"数据库。

（二） 创建空数据库

创建空数据库的方法是先创建一个新的数据库，然后根据实际需要，添加所需要的表、窗体、查询、报表等对象。例如创建一个"驾校学员管理系统"数据库。

【操作步骤】

STEP 1 启动 Access 2010。

STEP 2 在【文件】选项卡【新建】命令的【可用模板】栏中单击 （空数据库）按钮，在窗口的右侧显示创建的数据库文件名和保存路径，如图 1-8 所示。

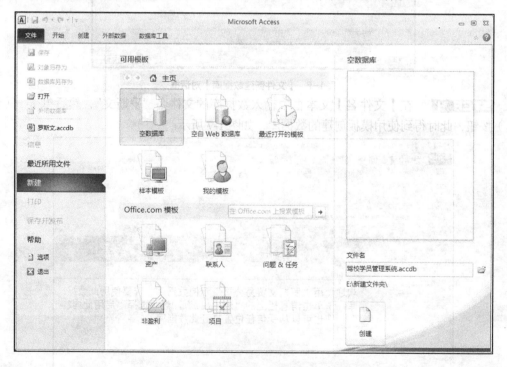

图1-8 显示创建空数据库的路径和文件名称

STEP 3 在【文件名】文本框中输入数据库的文件名"驾校学员管理系统.accdb"，修改保存数据库文件的文件夹，然后单击 （创建）按钮，创建空数据库，如图 1-9 所示。

图1-9 创建的空白数据库

知识提示

在创建新的数据库时，将自动打开一个名称为【表1】的新表。

任务二 操作数据库

创建好数据库之后，就可以对数据库进行操作了。数据库的操作包括打开/关闭数据库、转换数据库的格式、设置数据库默认的文件格式、设置数据库默认的文件夹等。

（一） 打开和关闭数据库

在操作数据库时，首先要打开数据库。对数据库操作完成后，关闭数据库。

【操作步骤】

STEP 1 启动 Access 2010，如图 1-10 所示。

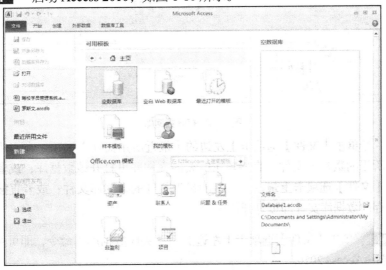

图1-10 Access 2010 的窗口

STEP 2　　单击【文件】选项卡上左边的 📂（打开）命令，或者按 $\boxed{\text{Ctrl}}$+$\boxed{\text{O}}$ 组合键，打开【打开】对话框，如图 1-11 所示。

图1-11 【打开】对话框

STEP 3　　在【打开】对话框中，选择要打开的数据库文件名，如选择【罗斯文.accdb】文件，单击 ➡️ 打开(O) 按钮即可打开选择的文件，如图 1-12 所示。

图1-12 打开数据库

多学一招
　　单击【文件】选项卡上左边的【最近所用文件】选项，在右边显示最近所用的数据库文件，直接单击需要的文件即可打开该数据库；或者直接单击【文件】选项卡上最左边显示的最近打开的数据库文件；或者直接双击已保存的数据库文件即可打开数据库。

STEP 4　　单击【文件】选项卡上左边的 🗀（关闭数据库）命令，即可关闭数据库，但此时并不退出 Access 2010。

STEP 5　　单击 Access 2010 窗口右上角的 ✕ 按钮，退出 Access 2010。

在 Access 2010 窗口中，按 Alt+F4 组合键。或者单击【文件】选项卡上左边的☒（退出）命令即可退出 Access 2010；或者右键单击标题栏，在弹出快捷菜单中选择【关闭】命令即可。

【知识链接】

在图 1-11 所示的【打开】对话框中，单击 打开(D) 按钮上的下三角图标，弹出一个下拉菜单，如图 1-13 所示，提供了 4种打开方式：【打开】、【以只读方式打开】、【以独占方式打开】和【以独占只读方式打开】方式。

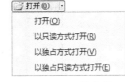

图1-13 下拉菜单

- 【打开】方式：以共享模式打开数据库，允许有多位用户同时读取或写入数据库。
- 【以只读方式打开】方式：只能查看数据库不能编辑数据库。
- 【以独占方式打开】方式：以独占方式打开数据库后，其他用户无法打开该数据库。
- 【以独占只读方式打开】方式：以独占只读方式打开数据库后，其他用户只能以只读方式打开该数据库。

（二） 设置数据库默认的文件夹

在创建数据库时，所创建的数据库有一个默认的文件夹。如果用户每次都想把数据库文件保存在另外一个文件夹里，不必每次都查找保存文件夹，可以设置数据库默认的文件夹。

【操作步骤】

STEP 1 启动 Access 2010。

STEP 2 单击【文件】选项卡上左边的▤（选项）命令，打开【Access 选项】对话框，如图 1-14 所示。

图1-14 【Access 选项】对话框

STEP 3 在【Access 选项】对话框中，单击【常规】选项卡，在窗口右边的【创建数据库】栏里，单击【默认数据库文件夹】文本框后面的 ⬚浏览... 按钮，打开【默认的数据库路径】对话框，如图 1-15 所示。

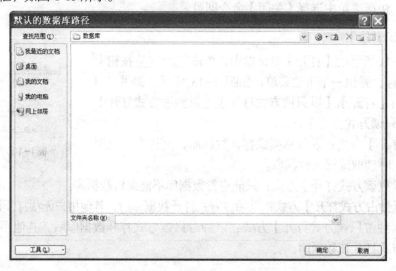

图1-15 【默认的数据库路径】对话框

STEP 4 在【默认的数据库路径】对话框中，选择要更改的文件夹，单击 ⬚确定 按钮，回到【Access 选项】对话框，如图 1-16 所示。

图1-16 【Access 选项】对话框

STEP 5 在【Access 选项】对话框中，单击 确定 按钮即可更改数据库默认的文件夹。

【知识链接】

默认情况下，在 Access 2010 中打开数据库时，将出现导航窗格。可以从导航窗格轻松查看和访问所有的数据库对象，实现对所有对象的管理和相关对象的组织。打开"罗斯文"数据库时的导航窗格如图 1-17 所示。单击导航窗格右上角的 « 按钮或按 F11 键，可折叠导航窗格，折叠的导航窗格如图 1-18 所示。单击折叠导航窗格上部的 » 按钮，或者折叠导航窗格下部"导航窗格"文本，或者按 F11 键，即可显示导航窗格。

图1-17 导航窗格

图1-18 折叠的导航窗格

在导航窗格中可以对对象进行分组。单击导航窗格顶部的菜单条，打开下拉列表，如图 1-19 所示，在【浏览类别】组里显示所有的类别，在【按组筛选】组里显示选择类别的组，当选择不同的类别时，组也会随之发生更改。组名显示在导航窗格顶部的菜单条中。在【浏览类别】组里选择【对象类型】选项时的导航窗格如图 1-20 所示。

图1-19 下拉列表　　　　　　　　　　**图1-20 选择【对象类型】选项时的导航窗格**

单击【文件】选项卡上左边的 (选项)命令，打开【Access 选项】对话框，在【Access 选项】对话框中，单击【当前数据库】选项卡，如图 1-21 所示，在窗口右边的【导航】栏里，取消【显示导航窗格】复选框，单击 确定 按钮即可阻止导航窗格显示。

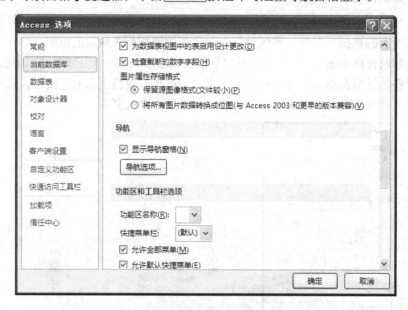

图1-21 【Access 选项】对话框

建议仅在有窗体、切换面板或其他用于启动数据库对象的方法的情况下，才隐藏导航窗格。

（三）转换数据库格式

Access 的发展经历了许多版本，为了能够将几种不同版本的数据库文件相互分享，Access 2010 提供了转换数据格式的功能。如果将现有的数据库格式转换为其他数据库格式，除了保留数据库原来的格式之外，还会按照指定的格式创建一个数据库副本。

如果原来的数据库格式为 Access 2010 且包含用 Access 2010 格式创建的复杂数据、脱机数据或附件，则无法用早期版本格式（如 Access 2000 或 Access 2002-2003）保存副本。

例如，"驾校学员管理系统.accdb"数据库的文件格式为"Access 2007"，可以将该数据库文件转换为"Access 2002-2003"文件格式。

【操作步骤】

STEP 1 启动 Access 2010。

STEP 2 打开"驾校学员管理系统.accdb"数据库。

STEP 3 打开【文件】选项卡上的【保存并发布】命令，在窗口的右边【数据库另存为】栏列出了其他数据库文件类型，如图 1-22 所示。

Access 2010 窗口的标题栏位于窗口的最上方，包括亮度条和右端的 3 个控制按钮。亮度条上显示的是当前应用程序名称和数据库的文件格式。

图1-22 数据库文件格式转换

STEP 4 在【数据库另存为】栏列出了转换为其他数据库文件的类型，选择
【Access 2002-2003 数据库（*.mdb）】选项，单击 (另存为) 按钮，打开【另存为】对话
框，如图 1-23 所示。

图1-23 【另存为】对话框

STEP 5 在【另存为】对话框中，选择保存数据库文件的位置和名称，单击 保存(S) 按钮即可完成数据库格式的转换。

知识提示　　在 Access 中创建数据库的副本，然后打开该副本，此时 Access 会自动关闭原始数据库。

【知识链接】

在 Access 2010 中，通过对数据库对象的操作就能实现 Access 数据库的创建和管理。数据库对象主要包括：表、查询、窗体、报表、宏和模块等。

表是数据库中用来存储数据信息的对象，是整个数据库的核心，是最重要的一个对象，是其他对象操作的数据源。一个数据库中可以包含一个或多个表，通过在表之间建立关系，使不同表中的数据联系起来，以便用户使用。

查询是数据库设计目的的体现。数据库创建完成后，数据只有被用户查询才能体现它的价值。查询是数据库中应用最多的对象，可执行很多不同的功能。最常用的功能是从表中检索特定数据。查询可以按照不同的方式查看、更改和分析数据，通常作为窗体和报表的记录源。

窗体是 Access 数据库对象中最灵活的一个对象。窗体是用来处理数据的界面，通常包含一些可执行各种命令的命令按钮。窗体也提供了一种简单易用的处理数据的格式，可以向窗体中添加组合框、列表框、命令按钮等。可以对按钮进行编程来确定在窗体中显示哪些数据、打开其他窗体或报表，以及执行其他各种任务等。

报表用于将选定的数据以特定的版式显示或打印，是表现数据的一种有效方式。利用报表可以将需要的数据提取出来进行分析、整理和计算，还可以对记录进行分组以便计算出各组数据的汇总等。

宏是 Access 数据库对象中的一个基本对象。宏是一个或多个命令的集合，可将宏看作是一种简化的编程语言，用于向数据库中添加功能。例如，可将一个宏附加到窗体上的某一命令按钮，这样每次单击该按钮时，所附加的宏就会运行。

虽然 Access 在不需要撰写任何程序的情况下就能够完成大部分用户的需求，但对于复杂的应用系统而言，Access 提供了 VBA（Visual Basic for Applications)编写程序。模块是声明、语句和过程的集合，它们作为一个单元存储在一起，设置模块的过程也就是使用 VBA 编写程序的过程。

（四）　设置数据库默认的文件格式

在创建新数据库文件时，使用的文件格式是默认的文件格式。默认的文件扩展名为".accdb"，这种文件是采用 Access 2007–2010 文件格式创建的，且无法用早期版本的 Access 读取。

可以更改默认的文件格式，生成的文件将采用早期版本的 Access 格式创建，并且可以与使用该版本的其他用户共享。

【操作步骤】

STEP 1 启动 Access 2010。

STEP 2 单击【文件】选项卡上左边的 （选项）命令，打开【Access 选项】对话框，如图 1-24 所示。

图1-24　【Access 选项】对话框

STEP 3　　在【Access 选项】对话框中，单击【常规】选项卡，在窗口右边的【创建数据库】栏里，在【空白数据库的默认文件格式】下拉列表框有 3 个选项：【Access 2002】、【Access 2002-2003】和【Access 2007】选项。在其中选择一个要设为默认的文件格式，单击 确定 按钮即可更改数据库默认的文件格式。

（五）　使用 Access 帮助

Access 2010 有强大的联机帮助功能。在使用 Access 2010 时如果遇到任何问题，都可以使用 Office 的帮助功能。在使用帮助功能时，可以使用安装在计算机中的主题，也可以使用 Microsoft Office Online 上提供的主题。

　　【操作步骤】

STEP 1　　启动 Access 2010。

STEP 2　　单击 Access 2010 窗口右上角的 ⍰ 图标或按 F1 键，打开【Access 帮助】窗口，如图 1-25 所示。

知识提示　　**单击【文件】选项卡上左边的【帮助】命令，也可以得到帮助信息。**

图1-25 【Access 帮助】窗口

STEP 3 在【Access 帮助】窗口中，可以使用来自互联网上的在线帮助，也可以使用来自本机上的脱机帮助。单击【显示来自我的计算机的脱机帮助】按钮，打开本机的【Access 帮助】窗口，如图 1-26 所示。

图1-26 本机的【Access 帮助】窗口

STEP 4 在本机的【Access 帮助】窗口中，可以浏览 Access 帮助主题，也可以使用关键字搜索相关的帮助，方法是在搜索栏里输入要搜索的关键字，再单击 🔍搜索 按钮或按 Enter 键即可。

实训一 使用模板创建"学生"数据库

使用模板创建"学生"数据库，认识数据库中的每个对象。

【操作步骤】

STEP 1 启动 Access 2010。

STEP 2 在【文件】选项卡上【新建】命令的【可用模板】栏中单击 🖵（样本模板）图标，显示本地模板列表。

STEP 3 在【样本模板】栏里单击 🔲（学生）图标。

STEP 4 在窗口的右侧输入要创建的数据库文件名和保存路径。

实训二 转换数据库格式

创建一个空数据库，数据库的文件名为"图书借阅管理系统"。设计一个数据库管理系统，首先要经过需求分析，调查系统所要实现的功能；然后是数据库对象的设计、开发、编码实现，设计数据库中各个对象的结构和功能，设计使用操作方便的系统界面；最后通过分析、调试，维护系统，确定系统的正确性、稳健性等。

将"图书借阅管理系统"数据库的文件格式转换为另一种数据库格式。

【操作步骤】

STEP 1 启动 Access 2010。

STEP 2 在【文件】选项卡【新建】命令的【可用模板】栏中单击 🖵（空数据库）按钮，在窗口的右侧显示创建的数据库文件名和保存路径。

STEP 3 打开【文件】选项卡上的【保存并发布】命令，在窗口的右边【数据库另存为】栏列出了其他数据库文件类型，选择其中一种需要的选项，单击 🖫（另存为）按钮，打开【另存为】对话框。

STEP 4 在【另存为】对话框中，选择保存数据库文件的位置和名称，单击 保存(S) 按钮即可完成数据库格式的转换。

项目小结

- Access 2010 是开发中小型关系型数据库管理系统的常用软件，广泛应用于财务、行政、金融、经济、教育、统计和审计等众多的管理领域；特别适合普通用户开发自己工作需要的各种数据库应用系统。

- 在创建新数据库时，模板可提供一个良好的开端。使用模板创建数据库，首先要了解各个模板的情况，使创建的数据库与合适的模板最接近。

- 当创建的数据库找不到合适的数据库模板时，不必使用向导来创建数据库，可以直接创建空数据库。创建空数据库，需要自己定义每一个数据库对象，但这种方法最具有灵活性。

● 为了能够充分利用数据库系统资源，Access 2010 提供了数据库文件格式的转换，使用户能够在 Access 的不同版本中使用数据库文件。

● 虽然 Access 2010 提供了数据库文件格式的转换功能，但也直接提供了默认的文件格式。

● Access 2010 提供了设置保存数据库默认文件夹的方法，使用户不必每次都要查找保存文件夹。

● Access 2010 有强大的联机帮助功能，内容详细，方便学习。

思考与练习

一、简答题

1. Access 2010 的启动和退出有哪几种方法？
2. 数据库的打开和关闭有哪几种方法？
3. 创建数据库主要有哪几种方法？
4. 为什么要进行数据库格式的转换？

二、上机练习

1. 熟悉 Access 2010 的启动与退出，数据库的打开与关闭。
2. 更改数据库默认的文件夹。
3. 使用 Access 2010 帮助功能搜索"数据库基础"。
4. 打开"罗斯文"数据库，熟悉 Access 2010 的工作界面，了解该数据库的结构，认识该数据库中的各个对象。
5. 直接创建"仓库管理系统"数据库。

PART 2

项目二 表的创建与维护

表是数据库中用来存储和管理数据的基本对象，是整个数据库系统的基础，是其他数据库对象操作的数据源。例如，可以创建"联系人"表来存储包含"姓名""地址"和"电话号码"的列表，或者创建"产品"表来存储有关产品的信息。设计数据库时，始终应在创建其他任何数据库对象之前先创建数据库的表。

创建表之前，应该仔细评估需求并规划数据库，以确定所需的表。在一个数据库中可以包含多张数据表，每张表用于存储有关不同主题的信息。

课堂案例展示

在"驾校学员管理系统"数据库中，分别用不同的方法创建"学员"表、"成绩"表和"科目"表，使用数据表视图创建的"成绩"表如图 2-1 所示，使用设计视图创建的"科目"表如图 2-2 所示。然后对所创建的表设置属性，在设计视图中创建"学员"表查阅属性如图 2-3 所示。对创建好的表可以输入记录，编辑表中的数据，设置数据表的格式。使用【设置数据表格式】对话框可以设置单元格效果、网格线显示方式、背景色、网格线颜色、边框和线型等格式，如图 2-4 所示。

图2-1 使用数据表视图创建的表

图2-2 使用设计视图创建表

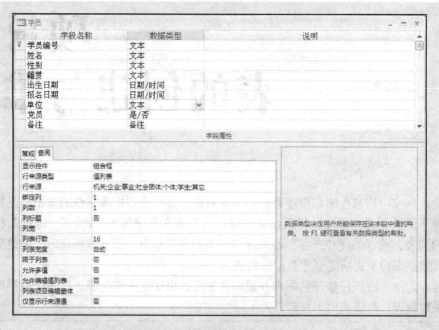

图2-3 设置字段的查阅属性

图2-4 【设置数据表格式】对话框

知识技能目标

- 掌握使用数据表视图创建表的方法。
- 熟练掌握使用设计视图创建表，修改、设计表的结构方法。
- 掌握通过导入或链接方法创建表。
- 熟练掌握使用数据表视图对字段的操作。
- 熟练掌握数据表属性的设置方法。
- 熟练掌握数据表的编辑方法。
- 掌握数据表格式的设置方法。

任务一 创建表

一个数据库可以由一张或多张表组成，每张表中包含不同的数据。表是用于存储有关特定主题的数据的数据库对象。表由记录和字段组成。每条记录包含有关表主题的一个实例的数据，记录还通常称作行。每个字段包含有关表主题的一个方面的数据，字段还常被称作列或属性。记录包含字段值。

数据在表中以行、列的方式排列。每张表都是由记录和字段组成。字段是表的基本组成单位，每一个字段都有数据类型，即相同字段的数据都是很有规律的同一个类型的数据。

创建好数据库后，就可以创建数据表，创建表的方法是：使用数据表视图创建表、使用设计视图创建表、通过导入或链接的方法创建表。

（一） 使用数据表视图创建表

使用数据表视图是一种直接创建表的方法。在空白数据表中直接添加字段名和数据，根据输入的记录自动指定字段的数据类型。

例如，在"驾校学员管理系统"数据库中，使用数据表视图创建"成绩"表，操作步骤如下。

【操作步骤】

STEP 1 启动 Access 2010。

STEP 2 打开"驾校学员管理系统"数据库。

STEP 3 单击功能区【创建】选项卡，如图 2-5 所示。

图2-5 【创建】选项卡

STEP 4 单击【创建】选项卡上【表格】组的 ▦（表）按钮，一个新表将被插入该数据库中，并打开该表的数据表视图，如图 2-6 所示。

知识提示

打开表的数据图视图时，在功能区出现了【字段】和【表】选项卡。

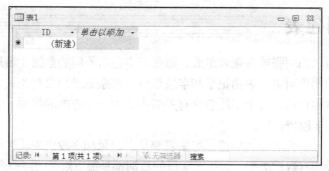

图2-6 使用数据表视图创建表

STEP 5 在数据表中，用鼠标右键单击【ID】列，弹出快捷菜单，如图2-7所示。

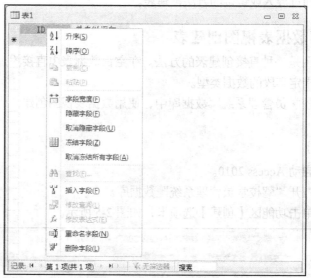

图2-7 快捷菜单

STEP 6 在快捷菜单中，可以进行插入字段、删除字段或重命名字段等操作。用鼠标右键单击【ID】字段，在弹出的快捷菜单中选择【插入字段】命令，则在该列的左侧插入一列，如图2-8所示。

图2-8 插入字段

STEP 7 用鼠标右键单击【字段 1】字段，在快捷菜单中选择【重命名字段】命令，将该列重命名为"学员编号"，如图2-9所示。

知识提示
　　　　重命名字段的简单方法是双击要重命名的字段，直接输入即可。在命名字段名称时应遵循 Access 的命名规则。字段名称的长度不超过 64 个字符；可以采用字母、数字、空格以及其他一些特殊符号；不能以空格开头。

图2-9 重命名字段

STEP 8 在数据表中，设计表的结构如图 2-10 所示。

图2-10 设计表的结构

多学一招 将鼠标指针移动到字段名称上，当光标指针变成↓形状时，按住鼠标左键不放，左右拖曳鼠标即可交换字段的位置。

STEP 9 单击数据表右上角的 × 按钮，打开提示对话框，如图 2-11 所示。

STEP 10 在提示对话框中，提示是否保存对"表 1"设计的更改，单击 [是(Y)] 按钮，打开【另存为】对话框，如图 2-12 所示。

图2-11 提示对话框

图2-12 【另存为】对话框

知识提示 可以直接单击快速访问工具栏上的 按钮，打开【另存为】对话框。

STEP 11 在【另存为】对话框中，在【表名称】文本框中输入表的名称，在这里输入"成绩"，单击 [确定] 按钮，完成数据表的保存。此时在导航窗格的【表】对象组里显示创建的【成绩】表，如图 2-13 所示。

图2-13 显示所创建的表

【知识链接】

Access 2010 经常用到的数据类型有文本、数字、日期/时间等 12 种。不同数据类型的存储方式不同，占用的空间大小也不同，可根据实际需要确定使用哪种类型。有关数据类型的详细说明如表 2-1 所示。

表 2-1　Access 2010 的数据类型

数据类型	使用说明	大小
文本	用于文本、文本与数字的组合，或者不需要计算的数字，如学号、地址、邮政编码等	最多存储 255 个字符（每个字符为 2 字节）
数字	用于数学计算的数值数据	1，2，4，8 或 16 字节，16 字节用于同步复制 ID
日期/时间	用于日期和时间，存储的每个值都包括日期和时间两部分	8 字节
货币	用于数值计算的货币值	8 字节
自动编号	自动给每一条记录分配一个唯一的连续数或随机数，可用做主键的唯一值	4 或 16 字节，16 字节用于同步复制 ID
是/否	用于包含两个可能的值中的一个（Yes/False、True/False 或 On/Off）	1 位（8 位为 1 字节）
计算	可以创建基于同一个表中其他字段的计算的字段	8 字节
备注	长文本或文本与数字的组合，如注释或说明等	如果手动输入数据，则可以最多输入 65 535 个字符，如果以编程的方式来填写字段，则最多可存储 1GB 字符
OLE 对象	用于存储其他 Microsoft Windows 应用程序中的 OLE 对象，如 Excel 电子表格、Word 文件、图像等数据	最多存储 1GB 字符（受磁盘空间限制）
超级链接	超链接。用于存储超链接，可以通过 URL（统一资源定位器）对网页进行单击访问，或通过 UNC（通用命名约定）格式的名称对文件进行访问，还可以链接至数据库中存储的 Access 对象	最多存储 1GB 字符，可以在控件中显示 65 535 个字符
查询向导	实际上不是数据类型，使用列表框或组合框创建一个查阅字段	基于表或查询：绑定列的大小。基于值：用于存储值的文本字段的大小
附件	图片、图像、二进制文件、Office 文件。用于存储数字图像和任意类型的二进制文件的首选数据类型	对于压缩的附件，最大存储 2GB。对于未压缩的附件，大约存储 700KB，具体取决于附件的可压缩程度

知识提示　　对于电话号码、部件号和其他不会用于数学计算的数字，应该选择文本数据类型，而不是数字数据类型。

课堂练习　　在"驾校学员管理系统"数据库中，使用数据表视图创建"学员"表，熟练操作字段的插入、字段的删除、字段的重命名等，"学员"表的结构如图2-14所示。

图2-14　"学员"表的结构

（二）　使用设计视图创建表

对于较为复杂的表，通常是使用表的设计视图来创建。使用数据表视图创建表的方法虽然方便快捷，但是有一定的局限性，往往不能满足实际的需要，这就需要在表的设计视图中进行修改和设计。

例如，在"驾校学员管理系统"数据库中，使用设计视图创建"科目"表，操作步骤如下。

【操作步骤】

STEP 1　　启动 Access 2010。

STEP 2　　打开"驾校学员管理系统"数据库。

STEP 3　　单击功能区【创建】选项卡上【表】组的 （表设计）按钮，打开表的设计视图，如图 2-15 所示。

图2-15　表的设计视图

知识提示　　打开表的设计视图时，在功能区出现了【设计】选项卡。

STEP 4　　在表的设计视图中，在【字段名称】列输入字段的名称，在【数据类型】列输入该字段对应数据项的数据类型，【说明】列是对该字段所做的注释。设置字段的名称和数据类型，输入结果如图 2-16 所示。

知识提示　　将鼠标指针移动到选择的字段的左边，当光标指针变成➡形状时，单击选中该字段，即单击字段行选择器。用鼠标右键单击字段行选择器，弹出快捷菜单，可以用来进行插入字段、删除字段等操作。

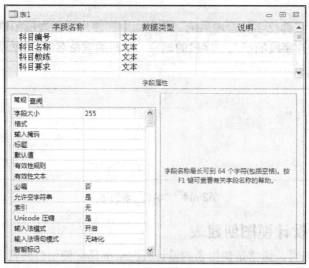

图2-16 设置字段名称和数据类型

STEP 5 在表的设计视图中，用鼠标右键单击标题栏，弹出快捷菜单，如图 2-17 所示。

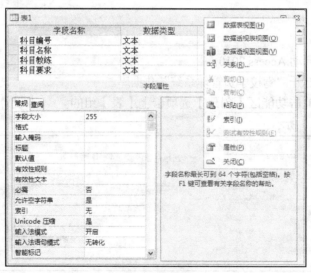

图2-17 快捷菜单

STEP 6 在快捷菜单中，选择【关闭】命令，打开提示对话框，如图 2-18 所示。

STEP 7 在提示对话框中，提示是否保存对"表 1"设计的更改，单击 是(Y) 按钮，打开【另存为】对话框，如图 2-19 所示。

图2-18 提示对话框

图2-19 【另存为】对话框

知识提示 如果没有对表进行保存，而直接关闭表，会弹出提示对话框，提示是否保存数据表。

STEP 8 在【另存为】对话框中，在【表名称】文本框中输入表的名称，在这里输入"科目"，单击 确定 按钮，弹出提示对话框，如图2-20所示。

图2-20 提示对话框

STEP 9 在提示对话框中，提示是否创建主键，单击 否(N) 按钮，以后再创建主键。完成数据表的保存。

【知识链接】

创建一个数据表后，可以利用不同的视图方式来查看创建的表。Access 2010提供了4种强大的视图方式：数据表视图、数据透视表视图、数据透视图视图和设计视图。其中，数据表视图和设计视图是最基本也是最常用的两个视图。

- 数据表视图用来显示数据表，可以查看、添加、修改、删除记录等操作。
- 数据透视表视图可以用来查看一些比较复杂的数据表，可以查看各字段的数据和总计等信息。
- 数据透视图视图以图表的形式直观地将数据表记录的信息显示出来。
- 设计视图用来设计表的结构，是数据表的一种重要视图方式。

切换表的视图主要有2种方法：使用状态栏上的按钮和使用功能区上的按钮。

使用状态栏上的按钮进行切换表的视图的方法是在打开一个数据表后，在状态栏的右侧有4个按钮：□、□、□和□按钮，分别表示数据表视图按钮、数据透视表视图按钮、数据透视图视图按钮和设计视图按钮。通过单击这些按钮可切换相应的数据表视图。

使用功能区上的按钮进行切换表的视图的方法是在打开一个数据表后，在功能区上单击【开始】选项卡，在【视图】组里单击 □ 按钮，打开下拉菜单，如图2-21所示，列出4种视图方式的命令，选择一种命令打开相应的视图方式。在【视图】组里单击 □ 按钮，直接将该表切换为设计视图，同时 □ 图标切换为 □ 图标，单击 □ 按钮，直接将该表切换为数据表视图。单击这两个按钮，则表的视图将在设计视图和数据表视图之间进行切换。

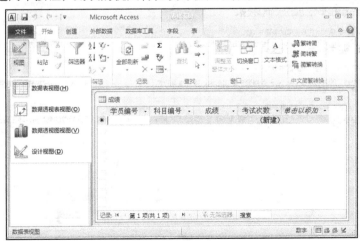

图2-21 下拉菜单

另外，也可以在功能区的【表格工具】选项卡或【设计】选项卡上的【视图】组来进行视图的切换。

（三）　通过导入或链接方法创建表

Access 2010 提供了从其他数据源（如 Office Excel 工作簿、XML 文件、文本文件或其他数据库）导入或链接到表的功能。导入信息时，将在当前数据库的一个新表中创建信息的副本。链接信息时，则在当前数据库中创建一个链接表，它指向其他位置所存储的现有信息的活动链接。因此，在链接表中更改数据时，也会同时更改原始数据源中的数据。

例如，将外部的"通讯录.xls"导入到"联系人"数据库。

【操作步骤】

STEP 1　启动 Access 2010。

STEP 2　新建并打开"联系人"数据库。

STEP 3　单击【外部数据】选项卡，如图 2-22 所示。

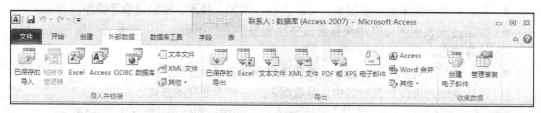

图2-22　【外部数据】选项卡

STEP 4　在【导入并链接】组中列出了可以导入或链接外部数据的格式类型。例如单击（Excel）按钮，打开【获取外部数据—Excel 电子表格】对话框，如图 2-23 所示。

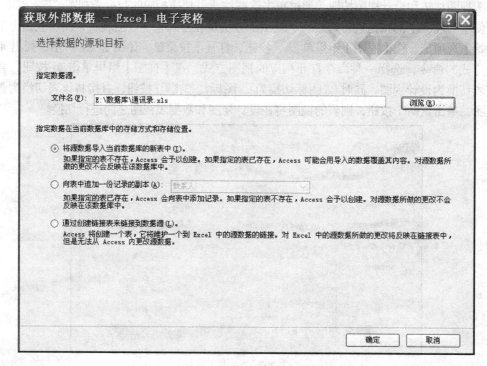

图2-23　【获取外部数据—Excel 电子表格】对话框

STEP 5 在【获取外部数据—Excel 电子表格】对话框中，在【文件名】文本框中指定数据源的名称，指定数据在当前数据库中的存储方式和存储位置。例如单击【将源数据导入当前数据库的新表中】单选按钮，然后单击 确定 按钮，打开【导入数据表向导】对话框（确定字段名称），如图 2-24 所示。

图2-24 【导入数据表向导】对话框（确定字段名称）

STEP 6 在【导入数据表向导】对话框（确定字段名称）中，如果导入表格的第一行包含列标题，选择【第一行包含列标题】复选框，单击 下一步(N) > 按钮，打开【导入数据表向导】对话框（更改字段信息），如图 2-25 所示。

图2-25 【导入数据表向导】对话框（更改字段选项）

STEP 7 在【导入数据表向导】对话框（更改字段信息）中，在【字段选项】框内更改字段的信息，更改完成后，单击 下一步(N)> 按钮，打开【导入数据表向导】对话框（设置主键），如图 2-26 所示。

图2-26 【导入数据表向导】对话框（设置主键）

STEP 8 在【导入数据表向导】对话框（设置主键）中，为新表定义一个主键。例如单击【让 Access 添加主键】单选按钮，单击 下一步(N)> 按钮，打开【导入数据表向导】对话框（指定表名），如图 2-27 所示。

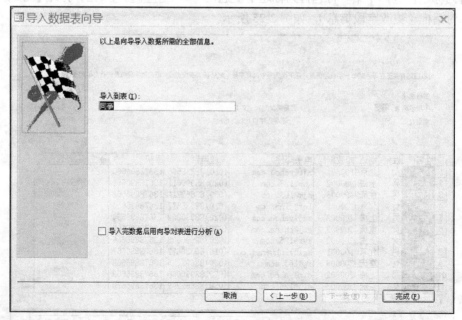

图2-27 【导入数据表向导】对话框（指定表名）

STEP 9 在【导入数据表向导】对话框（指定表名）中，确定表的名称，然后单击 完成(F) 按钮，打开【获取外部数据—Excel 电子表格】对话框，如图 2-28 所示。

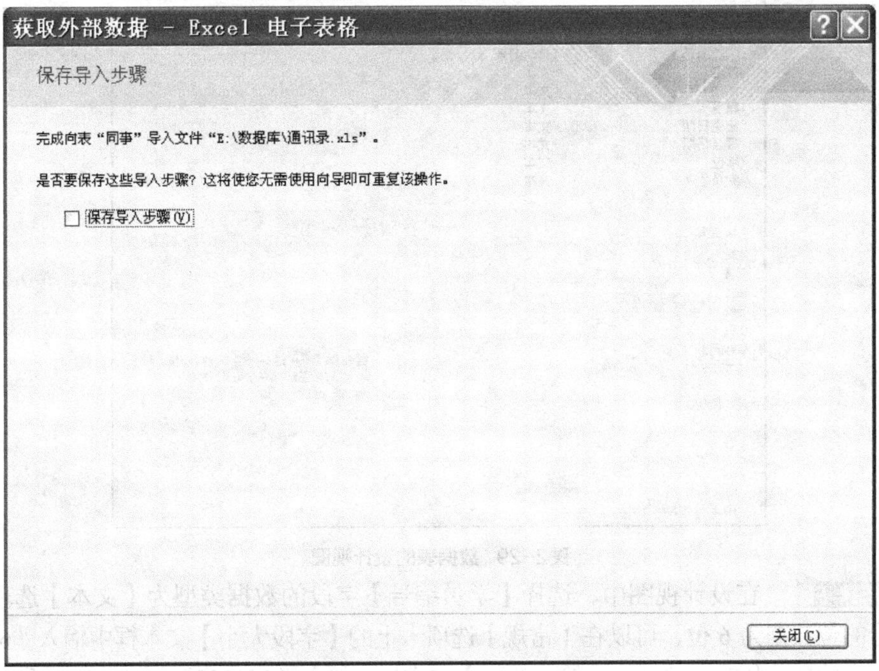

图2-28　【获取外部数据—Excel 电子表格】对话框

STEP 10 　在【获取外部数据—Excel 电子表格】对话框中，指定是否保存这些导入步骤，然后单击 关闭(C) 按钮，完成外部数据的导入。

任务二　设置表的属性

字段具有某些定义特征，如每个字段都有一个名称，用于在表中唯一地标识该字段。字段还具有与要存储的信息相匹配的数据类型，数据类型可以确定存储的值，也可以确定执行的操作及为每个值留出的存储空间。每个字段还具有一组关联的设置，也称为属性，用于定义字段的外观或行为特征。在表的设计视图中可以创建和修改表的结构，修改表的字段及其属性。数据表的属性分为常规属性和查阅属性。

（一）　设置表的常规属性

字段的常规属性主要包括字段大小、格式、小数位数、输入掩码、标题、默认值、有效性规则、有效性文本、必填字段、索引、智能标记、输入法模式等。每个字段的属性随着数据类型的不同而不同。

例如，在"驾校学员管理系统"数据库中，设置"学员"表的常规属性。

【操作步骤】

STEP 1 　启动 Access 2010。

STEP 2 　打开"驾校学员管理系统"数据库。

STEP 3 　在导航窗格中用鼠标右键单击【学员】表，在弹出的快捷菜单中选择【设计视图】选项，打开该表的设计视图，如图 2-29 所示。

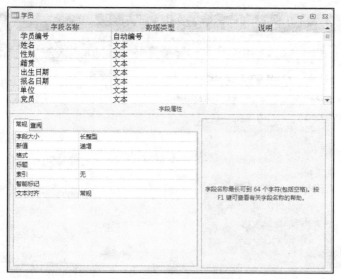

图2-29 数据表的设计视图

STEP 4　　在设计视图中，选择【学员编号】字段的数据类型为【文本】选项，假设学员编号的位数据为 6 位，可以在【常规】选项卡上的【字段大小】文本框中输入"6"，也可以输入更大的数，如输入"10"。【输入掩码】文本框中输入"000000"，如图 2-30 所示，表示必须输入 6 位数字。如果输入的数据违反规则，将弹出提示对话框，提示输入数据有误。

图2-30 设置字段大小和输入掩码属性

只有当字段的数据类型为【文本】、【数字】或【自动编号】时，【字段大小】属性才可以设置，设置的值将随着字段数据类型的不同而不同。【文本】数据类型字段大小的范围为 1~255 个字符，如果容纳的字符个数超过 255 个字符，可以使用【备注】数据类型。

STEP 5　　在设计视图中，选择【性别】字段的数据类型为【文本】选项，在【常规】选项卡上的【默认值】文本框中输入："男"，表示自动地为该字段填入"男"，在输入数据时只需更改少量的女生数据即可，从而减轻了输入的工作量。在【有效性规则】文本框中输入："男" Or "女"，在【有效性文本】文本框中输入：性别只能为"男"或"女"，如图 2-31 所示。表示所有输入内容都必须在有效性规则指定的范围内，如果有非法数据输入，将自动弹出提示信息，该提示信息的内容来自所设置的有效性文本属性。

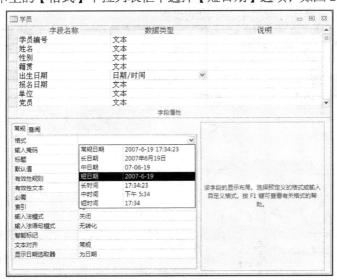

图2-31 设置默认值、有效性规则和有效性文本属性

STEP 6 在设计视图中，选择【出生日期】字段的数据类型为【日期/时间】选项，在【常规】选项卡上的【格式】下拉列表框中选择【短日期】选项，如图 2-32 所示。

图2-32 设置格式属性

知识提示

【格式】属性用来限制数据的显示格式。不同数据类型的字段选择的格式有所不同。

STEP 7 在设计视图中，选择【报名日期】字段的数据类型为【日期/时间】选项，在【常规】选项卡上的【格式】下拉列表框中选择【短日期】选项。

STEP 8 在设计视图中，选择【党员】字段的数据类型为【是/否】选项；选择【备注】字段的数据类型为【备注】选项，如图 2-33 所示。

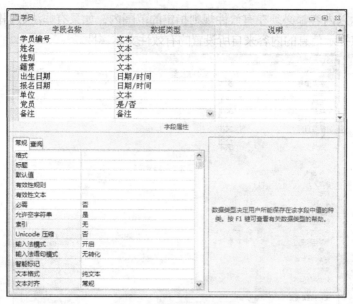

图2-33 设置数据类型

STEP 9 选择【学员编号】字段，单击【设计】选项卡上【工具】组的 🔑（主键）按钮，或者用鼠标右键单击【学员编号】字段行选择器，在弹出的快捷菜单中选择【主键】命令，则在【学员编号】字段前显示一个类似钥匙的标记，如图 2-34 所示，设置主键字段。重复执行一次该操作可取消主键字段的设置。

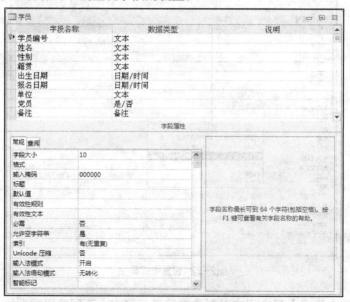

图2-34 设置主键字段

使用主键不仅可以唯一标识表中的每一条记录，还能加快表的索引速度。如果设置多个字段作为主键，则需要选择多个字段，单击【设计】选项卡上【工具】组的 🔑（主键）按钮，或者按住 Ctrl 键不放，用鼠标右键单击字段行选择器，在弹出的快捷菜单中选择【主键】命令。

STEP 10 单击快速访问工具栏上的 🔒按钮，保存数据表的属性设置。

【知识链接】

主键是表中的一个字段或一组字段，用于对存储在该表中的每条记录进行唯一标识。Access 使用主键字段将多个表中的数据关联起来，从而将数据组合在一起。

应该始终为表指定一个主键。Access 会自动为主键创建索引，这有助于加快查询和其他操作的速度，主键字段的【索引】属性将自动设置为【有（无重复）】选项。一个好的主键具有以下几个特征。

- 它唯一标识每条记录。
- 它从不为空或为 Null，即它始终包含一个值。
- 它几乎不（理想情况下永不）改变。

有 3 种类型的主键：自动编号主键、单字段主键和多字段主键。如果尚未确定哪个或哪组字段可能成为好的主键，请考虑使用具有【自动编号】数据类型的字段。使用【自动编号】数据类型时，Access 将自动分配一个值，这样的标识符不包含描述它所表示的记录的事实信息。

在表中定义字段的输入掩码后，向该字段输入数据时更加容易，确保输入数据的正确性，利用一些掩码字符，控制哪些位置必须输入数据，哪些位置可以不输入数据等。掩码字符如表 2-2 所示。

表 2-2　掩码字符表

掩码	描述
0	数字。必须在该位置输入一个一位数字
9	数字。该位置上的数字是可选的
#	在该位置输入一个数字、空格、加号或减号。如果跳过此位置，Access 会输入一个空格
L	字母。必须在该位置输入一个字母
?	字母。可以在该位置输入一个字母，可选项
A	字母或数字。必须在该位置输入一个字母或数字
a	字母或数字。可以在该位置输入单个字母或一位数字
&	任何字符或空格。必须在该位置输入一个字符或空格
C	任何字符或空格。该位置上的字符或空格是可选的
. , : ; - /	小数分隔符、千位分隔符、日期分隔符和时间分隔符
>	其后的所有字符都以大写字母显示
<	其后的所有字符都以小写字母显示
\	强制 Access 显示紧随其后的字符，这与用双引号括起一个字符具有相同的效果
!	使输入掩码从右到左显示。默认是从左到右显示。可在输入掩码的任何地方包括 "!"
"文本"	用双引号括起希望用户看到的任何文本
密码	在表或窗体的设计视图中，将 "输入掩码" 属性设置为 "密码" 会创建一个密码输入框。当用户在该框中键入密码时，Access 会存储这些字符，但是会将其显示为星号（*）

（二） 设置表的查阅属性

查阅列是表中的一个字段，该字段的值是从另一个表或值列表中检索而来的。创建查阅列后，在数据表输入数据时，可以从一个列表中选择数据，这样既加快了数据输入的速度，又保证了输入数据的正确性。

可以通过设置字段的查阅字段属性手动创建查阅列，也可以通过查阅向导自动创建查阅列。例如，在"驾校学员管理系统"数据库中，使用查阅向导创建查阅列的操作步骤如下。

STEP 1 启动 Access 2010。

STEP 2 打开"驾校学员管理系统"数据库。

STEP 3 在导航窗格中用鼠标右键单击【成绩】表，在弹出的快捷菜单中选择【设计视图】选项，打开该表的设计视图。

STEP 4 在【成绩】表的设计视图中，单击"科目编号"字段对应的【数据类型】列，则在该行的【数据类型】里出现 ∨ 图标，单击该图标出现下拉菜单，如图2-35所示。

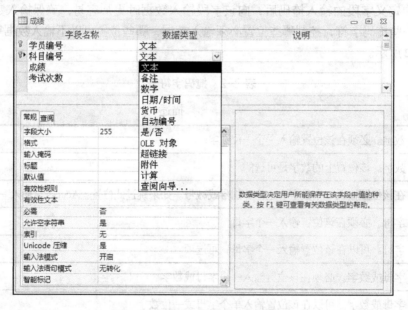

图2-35 在设计视图中打开查阅向导

STEP 5 在下拉菜单中选择【查阅向导】命令，打开【查阅向导】对话框（确定查阅列的取值方式），如图2-36所示。

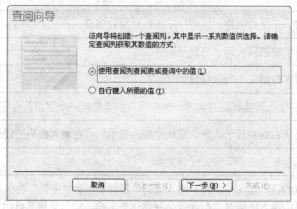

图2-36 【查阅向导】对话框（确定查阅列的取值方式）

STEP 6 在【查阅向导】对话框（确定查阅列的取值方式）中，确定查阅列获取其数值的方式。单击【使用查阅列查阅表或查询中的值】单选钮，表示查阅列的取值来自其他表或查询。单击【自行键入所需的值】单选钮，表示查阅列的取值来自自行键入的值。例如单击【使用查阅列查阅表或查询中的值】单选钮，然后单击 下一步(N) > 按钮，打开【查阅向导】对话框（选择表或查询），如图 2-37 所示。

STEP 7 在打开【查阅向导】对话框（选择表或查询）中，选择为查阅列提供数值的表或查询，选择"科目"表，单击 下一步(N) > 按钮，打开【查阅向导】对话框（确定字段），如图 2-38 所示。

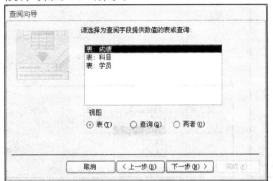

图2-37 打开【查阅向导】对话框（选择表或查询）　　图2-38 【查阅向导】对话框（确定字段）

STEP 8 在【查阅向导】对话框（确定字段）中，确定哪些字段中含有准备包含到查阅列中的数值，在【可用字段】列表框中选择"科目编号"选项，单击 > 按钮，将选择的字段添加到【选定字段】列表框，单击 下一步(N) > 按钮，打开【查阅向导】对话框（确定排序次序），如图 2-39 所示。

STEP 9 在【查阅向导】对话框（确定排序次序）中，确定要为列表框的项使用的排序次序，在第一个下拉列表框中选择"科目编号"，单击后面的 升序 按钮，按升序排列，同时该图标切换为 降序 图标。如果单击 降序 按钮时，表示按降序排列，同时该图标切换为 升序 图标。选择升序排列，然后单击 下一步(N) > 按钮，打开【查阅向导】对话框（指定查阅列的宽度），如图 2-40 所示。

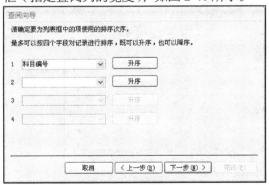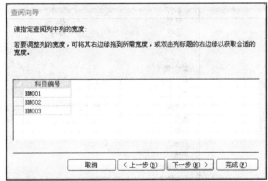

图2-39 【查阅向导】对话框（确定排序次序）　　图2-40 【查阅向导】对话框（指定查阅列的宽度）

知识提示　　在创建查阅列之前，在"科目"表的"科目编号"字段已输入"KM001""KM002"和"KM003"编号，表明所创建的查阅列的取值来自"科目"表的"科目编号"字段的内容。

STEP 10 在【查阅向导】对话框（指定查阅列的宽度）中，指定查阅列的宽度，然后单击 下一步(N) > 按钮，打开【查阅向导】对话框（指定查阅列的标签），如图 2-41 所示。

STEP 11 在【查阅向导】对话框（指定查阅列的标签）中，指定查阅列的标签，在【请为查阅列指定标签】文本框中输入"科目编号"，单击 完成(F) 按钮，完成查阅列的创建。

STEP 12 在【成绩】表的数据表视图中，输入数据时，在【科目编号】字段的单元格提供了下拉列表，如图 2-42 所示，直接在下拉列表框中选择一种适合的选项即可，加快了数据输入的速度。

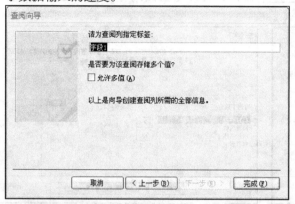

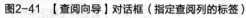

图2-41 【查阅向导】对话框（指定查阅列的标签）　　　　图2-42 创建查阅列

【知识链接】

也可以手动创建查阅列。例如打开"驾校学员管理系统"数据库，在导航窗格中用鼠标右键单击【学员】表，在弹出的快捷菜单中选择【设计视图】选项，打开该表的设计视图，在设计视图中选择【单位】字段，单击【查阅】选项卡，如图 2-43 所示。

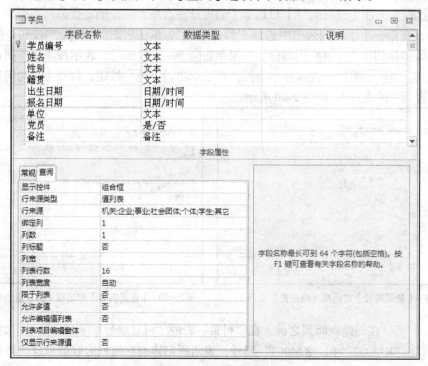

图2-43 【查阅】选项卡

在【查阅】选项卡上，【显示控件】属性的设置有【文本框】、【列表框】、【组合框】选项等。【行来源类型】属性的设置有【表/查询】、【值列表】、【字段列表】选项等。【行来源】属性指定为查阅列提供值的表、查询或值列表等。例如设置【显示控件】属性为【组合框】选项，设置【行来源类型】属性为【值列表】选项，【行来源】属性设置为"机关;企业;事业;社会团体;个体;学生;其它"，然后保存设置即可。

注意不同类型的字段，其【显示控件】属性的可设置值也不相同。

课堂练习

　　1. 在"驾校学员管理系统"数据库中，使用设计视图设置"成绩"和"科目"表的属性。
　　2. 在"驾校学员管理系统"数据库中，设置"成绩"表中"学员编号"和"科目编号"字段作为主键字段。
　　3. 在"驾校学员管理系统"数据库中，设置"科目"表中"科目编号"字段作为主键字段。

任务三　编辑数据表

在创建数据库和表之后，就可以在创建的表中执行添加记录、编辑记录、查看记录、修改记录、追加记录等操作；还可以对创建的表进行复制、重命名或删除等操作。

（一）　编辑记录

在数据库中保存的信息以表的形式存储，数据表包含了有关特定主题的数据。下面以"学员"表为例，介绍如何编辑表中的记录。

【操作步骤】

STEP 1　启动 Access 2010。

STEP 2　打开"驾校学员管理系统"数据库。

STEP 3　在导航窗格中双击【学员】表，打开该表的数据表视图，如图 2-44 所示。

图2-44　数据表视图

STEP 4　在数据表视图中，单击空白记录的字段名称下方的单元格（空白记录行前带有一个星号"*"），则该单元格处于可编辑状态，直接在该单元格输入数据，按 Tab 键移至下一个字段的单元格，或按 Shift+Tab 组合键移至上一个字段的单元格。

知识提示

　　在空白记录上开始输入数据时，Access 会自动显示一条新的空白记录，以便继续输入数据。除了可以直接在表的最后一行添加新记录外，还可以使用数据表视图最下面的记录导航器，也可以使用【开始】选项卡上【记录】组的【新建】命令。

STEP 5 添加记录完成后，单击数据表视图右上角的 × 按钮，关闭数据表，系统将自动保存所输入的记录。

知识提示 要在支持多行文本的字段（如【文本】字段或【备注】字段）中开始一个新行，可以按 Ctrl+Enter 组合键。

STEP 6 对记录进行复制、删除等操作之前，首先要选择记录。将鼠标指针移到要选择记录的左边，当鼠标指针变成 ➜ 形状时单击，即单击记录选择器，选择后的记录将呈现出与其他记录不同的颜色，并且选中的记录添加了边框，如图 2-45 所示。

学员编号	姓名	性别	籍贯	出生日期	报名日期	单位	党员
201201	李琴瑶	女	山东省青岛市	1998-7-13	2009-6-18	学生	☐
201202	孙亦阳	男	北京市	1980-12-21	2009-7-22	企业	☑
201203	钱翠雁	女	江苏省南京市	1975-2-12	2010-11-15	机关	☑
201204	赵思松	男	上海市	1974-3-18	2011-1-17	事业	☐
201205	周柳雪	女	山东省济南市	1990-9-5	2011-1-29	学生	☐
201206	吴友真	男	河南省郑州市	1980-11-2	2011-2-18	个体	☐
201207	郑书香	女	江苏省无锡市	1986-6-16	2011-3-5	社会团体	☐
201208	王海昌	男	河北省保定市	1999-12-23	2011-3-10	学生	☐
201209	卫山绿	男	江苏省徐州市	1982-8-1	2011-4-11	企业	☑
201210	褚以宁	男	陕西省西安市	1996-7-15	2011-4-14	学生	☐
201211	陈晓祥	男	山东省青岛市	1993-1-19	2011-5-18	事业	☐
201212	冯萱旋	女	河南省邯郸市	1980-2-22	2011-5-27	个体	☐
201213	蒋睦旭	男	上海市	1999-11-11	2011-6-5	学生	☐
201214	沈思傲	男	河南省郑州市	1994-10-10	2011-6-9	个体	☐
201215	韩冬雪	女	北京市	1980-9-3	2011-6-12	社会团体	☑
201216	杨露柳	女	江苏省无锡市	1979-7-1	2011-7-7	机关	☐

记录：第 7 项(共 33 项)　无筛选器　搜索

图2-45 选择记录

知识提示 在数据表视图的最下面有一个记录导航器，使用记录导航器上的按钮可在记录之间导航。通过单击这些按钮，可以导航到第一条、上一条、下一条或最后一条记录，还可以添加新记录等。

STEP 7 在进行删除记录操作时，用鼠标右键单击记录选择器，在弹出的快捷菜单中选择【删除记录】命令，或者选择要删除的记录，单击【开始】选项中【记录】组的 × 删除 ▾ 按钮，弹出提示对话框，如图 2-46 所示，单击 是(Y) 按钮即可删除记录。

图2-46 提示对话框

知识提示 如果要删除多条记录，首先按 Shift+↓ 组合键或 Shift+↑ 组合键选择多条记录，然后按住 Ctrl 键不放，用鼠标右键单击记录选择器，在弹出的快捷菜单中选择【删除记录】命令或者按 Delete 键即可。

STEP 8 在数据表视图中，如果修改数据记录，只需将光标移至要编辑记录的字段中，将该数据删除，直接输入新的数据即可。

知识提示 在数据表视图中选择记录，用鼠标右键单击记录选择器，在弹出的快捷菜单中可以选择【剪切】、【复制】、【粘贴】等命令。

课堂练习 在"驾校学员管理系统"中，添加"学员""科目"和"成绩"表的记录。

（二） 表对象的操作

表对象的操作主要包括表的复制、表的重命名、表的删除等操作。在导航窗格中右键单击一个表对象，在弹出的快捷菜单中选择相应的命令即可完成表的操作。

表的复制有两种情况：在同一个数据库中复制表和从一个数据库中复制表到另一个数据库中。下面以复制"驾校学员管理系统"数据库的"学员"表到"联系人"数据库为例介绍其操作方法。

【操作步骤】

STEP 1 打开"驾校学员管理系统"数据库。

STEP 2 在导航窗格中用鼠标右键单击【学员】表，弹出快捷菜单，如图 2-47 所示。

STEP 3 在快捷菜单中选择【复制】命令；或者在导航窗格中选择【学员】表，单击【开始】选项卡上【剪贴板】组的 按钮，将表的内容复制到剪贴板上。

STEP 4 关闭"驾校学员管理系统"数据库。

STEP 5 打开"联系人"数据库。

STEP 6 单击【开始】选项卡上【剪贴板】组的 （粘贴）按钮，弹出【粘贴表方式】对话框，如图 2-48 所示。

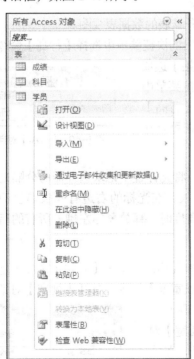

图2-47 快捷菜单

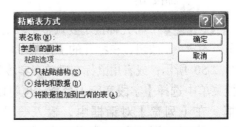

图2-48 【粘贴表方式】对话框

STEP 7 在【粘贴表方式】对话框中，提供了 3 种粘贴表的方式，选择一种粘贴方式，然后单击 确定 按钮即可。

- 只粘贴结构：只是将所选择表的结构复制成一个新表。
- 结构和数据：将所选择表的结构及其全部数据记录一起复制成一个新表。
- 将数据追加到已有的表：将所选择表的全部数据记录追加到一个已存在的表。要求这两个表的结构相同，才能保证复制数据的正确性。

在导航窗格中用鼠标右键单击一个表对象，在弹出的快捷菜单中选择【重命名】命令，此时该对象的名称处于可编辑状态，直接输入新的名称即可重命名表；在弹出的快捷菜单中选择【删除】命令，弹出提示对话框，提示是否删除表。

【知识链接】

Access 提供了将数据表导出的功能。可以将数据表导出为 Excel、XML、PDF、XPS、Word、文本文件等格式，实现不同应用程序之间的数据共享。导出的方法是打开要导出的数据表视图，单击【外部数据】选项卡上的【导出】组里相应的命令按钮，按照提示操作即可。

任务四　设置表的格式

在数据表中添加记录后，可以通过对数据表格式的设置，使数据表更加美观、大方，易于浏览和查看数据。数据表的格式主要包括：字体、颜色、列宽和行高、隐藏列、冻结列、单元格效果、网格线显示方式、背景色、网格线颜色、边框、线型等。

【操作步骤】

STEP 1　启动 Access 2010。

STEP 2　打开"驾校学员管理系统"数据库。

STEP 3　在导航窗格中双击【学员】表，打开该表的数据表视图。

STEP 4　用鼠标右键单击记录选择器，在弹出的快捷菜单中选择【行高】命令，打开【行高】对话框，如图 2-49 所示；或者单击【开始】选项卡上【记录】组的 其他· 按钮，打开下拉菜单，在下拉菜单中选择【行高】命令，也可以打开【行高】对话框。在【行高】对话框中，输入要设置的行高，单击 确定 按钮，则可以在数据表中调整所有的行高。

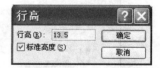

图2-49 【行高】对话框

改变行高的另一种方法是使用鼠标，将光标置于记录选择器的分隔处，当光标变为 ✛ 形状时，按住鼠标左键不放，在光标的右边有一条黑色的直线，上下拖曳鼠标，当行高达到需要的高度时，释放鼠标左键，所有的行高都被调整。

STEP 5　将光标置于要调整字段宽度的任一单元格内，单击【开始】选项卡上【记录】组的 其他· 按钮，在打开的下拉菜单中选择【字段宽度】命令，打开【列宽】对话框，如图 2-50 所示；或者用鼠标右键单击字段的名称，在弹出的快捷菜单中选择【字段宽度】命令，也可以打开【列宽】对话框。在【列宽】对话框中，输入要设置的宽度，单击 确定 按钮，则可以在数据表中调整该列的宽度。单击 最佳匹配(B) 按钮，可以使字段的宽度达到与数据最匹配的效果。

图2-50 【列宽】对话框

知识提示

改变列宽的另一种方法是使用鼠标，将光标移到字段名称之间的竖线上，当光标变为╋形状时，按住鼠标左键不放，在光标的下边有一条黑色的直线，左右拖曳鼠标，当列宽达到需要的宽度时，释放鼠标左键，则可以调整该列的宽度。

STEP 6 选择要隐藏的字段，如选择【性别】字段，单击【开始】选项卡上【记录】组的 🟦其他· 按钮，在打开的下拉菜单中选择【隐藏字段】命令，此时【性别】字段被隐藏，如图 2-51 所示。

	学员编号 ▾	姓名 ▾	籍贯 ▾	出生日期 ▾	报名日期 ▾	单位 ▾	党员 ▾	备注
⊞	201201	李琴瑶	山东省青岛市	1998-7-13	2009-6-18	学生	☐	
⊞	201202	孙亦阳	北京市	1980-12-21	2009-7-22	企业	☑	
⊞	201203	钱翠雁	江苏省南京市	1975-2-12	2010-11-15	机关	☑	
⊞	201204	赵思松	上海市	1974-3-18	2011-1-17	事业	☐	
⊞	201205	周柳雪	山东省济南市	1990-9-5	2011-1-29	学生	☐	
⊞	201206	吴友真	河南省郑州市	1980-11-2	2011-2-18	个体	☐	
⊞	201207	郑书香	江苏省无锡市	1986-6-16	2011-3-5	社会团体	☐	
⊞	201208	王海昌	河北省保定市	1999-12-23	2011-3-10	学生	☐	
⊞	201209	卫山绿	江苏省徐州市	1982-8-1	2011-4-11	企业	☑	
⊞	201210	褚以宁	陕西省西安市	1996-7-15	2011-4-14	学生	☐	
⊞	201211	陈晓祥	山东省青岛市	1993-1-19	2011-5-18	事业	☐	
⊞	201212	冯萱旋	河南省邯郸市	1980-2-22	2011-5-27	个体	☐	
⊞	201213	蒋睦旭	上海市	1999-11-11	2011-6-5	学生	☐	
⊞	201214	沈思傲	河南省郑州市	1994-10-10	2011-6-9	个体	☐	
⊞	201215	韩冬雪	北京市	1980-9-3	2011-6-12	社会团体	☑	
⊞	201216	杨露柳	江苏省无锡市	1979-7-1	2011-7-7	机关	☐	
⊞	201217	赵凡莲	辽宁省大连市	1994-6-28	2011-7-14	事业	☐	
⊞	201218	钱新珊	湖北省武汉市	1966-3-10	2011-7-25	其它	☐	

记录: ◄ 第 1 项(共 33 项) ► ►► | 无筛选器 搜索

图2-51 隐藏【性别】列

知识提示

用鼠标右键单击【性别】字段，在弹出的快捷菜单中选择【隐藏字段】命令，也可以将该列隐藏。

STEP 7 取消隐藏的列时，单击【开始】选项卡上【记录】组的 🟦其他· 按钮，在打开的下拉菜单中选择【取消隐藏字段】命令，打开【取消隐藏列】对话框，如图 2-52 所示，没有被选择的列为当前隐藏的列，选择被隐藏的列，单击 关闭ⓒ 按钮，此时被隐藏的列重新显示在数据表中。

知识提示

当表中的字段较多时，需要单击滚动条才能浏览或查看全部字段。此时，可以将一些不重要的字段隐藏起来，当需要浏览或查看这些字段时，再显示出来。

STEP 8 选择要冻结的字段，如选择【姓名】字段，单击【开始】选项卡上【记录】组的 🟦其他· 按钮，在打开的下拉菜单中选择【冻结字段】命令，此时该字段被冻结，在数据表中拖曳水平滚动条时，【姓名】字段始终固定在窗口的左边，如图 2-53 所示。

图2-52 【取消隐藏列】对话框

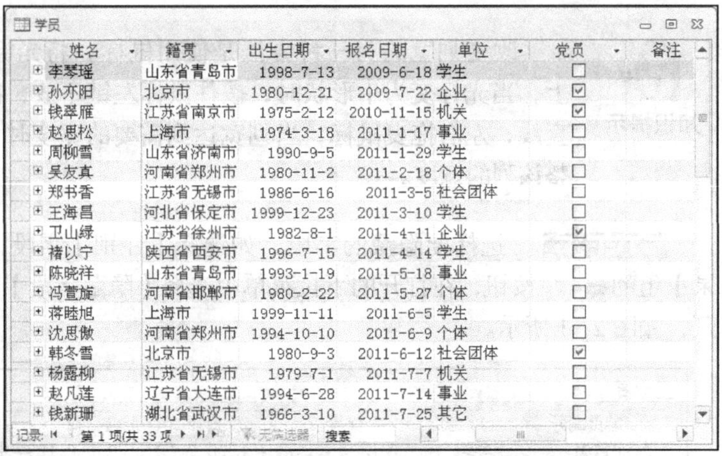

图2-53 冻结字段

STEP 9 取消冻结的列时，单击【开始】选项卡上【记录】组的 其他 按钮，在打开的下拉菜单中选择【取消冻结所有字段】命令即可取消冻结的字段。

> **知识提示** 当表的字段较多时，无法在窗口上显示所有的字段，希望有的字段一直显示出来，可以使用冻结字段的功能。冻结字段是指被冻结的一个字段或多个字段自动放置在表的最左边，在使用滚动条浏览或查看数据时，这些字段仍然显示在表的左边。

STEP 10 使用【开始】选项卡上【文本格式】组的命令按钮，如图 2-54 所示，可以设置字体、字号、字形、字体颜色、对齐方式、网格线等。

STEP 11 单击【开始】选项卡上【文本格式】组右下角的 按钮，打开【设置数据表格式】对话框，如图 2-55 所示，可以设置单元格效果、网格线显示方式、背景色、网格线颜色、边框、线型等。

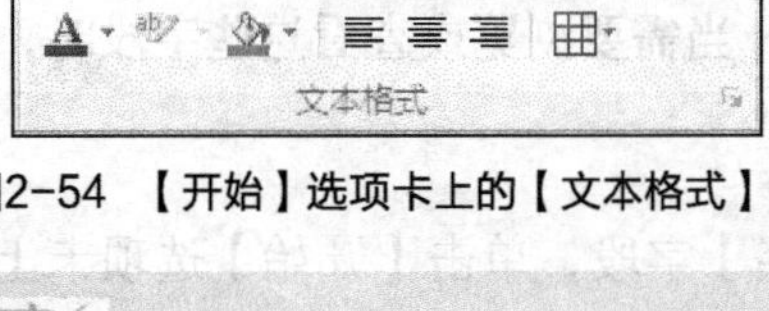

图2-54 【开始】选项卡上的【文本格式】组

图2-55 【设置数据表格式】对话框

>
> **课堂练习** 在"驾校学员管理系统"中，按照自己的喜好，设置"学员""科目"和"成绩"数据表的格式。

实训一　创建表

图书借阅管理系统主要可以分为对图书的管理、对读者的管理和对系统的维护等方面。对图书管理主要有图书的信息、新书的入库、新书的删除、借阅查询等，方便图书管理人员的工作需要。对读者的管理主要有读者的信息、读者的注册、读者的删除、读者的借阅等，便于读者借阅的需要。对系统的维护主要有借阅册数的限制、借阅天数的限制等，维护整个图书借阅系统的正常运转。在图书借阅管理系统中，实际情况更加复杂。

在"图书借阅管理系统"数据库中，可以创建"图书""图书借阅""读者"和"出版社"表，每个表的结构如表 2-3、表 2-4、表 2-5 和表 2-6 所示。

表 2-3　"图书"表的结构

字段名	字段类型	字段大小	格式	主键
图书编号	文本	10		是
图书名称	文本	30		
作者	文本	20		
出版社	文本	20		
出版日期	日期/时间		常规日期	
页数	数字	整型	常规数字	
价格	货币			

表 2-4　"图书借阅"表的结构

字段名	字段类型	字段大小	格式	主键
图书编号	文本	10		是
读者编号	文本	10		是
借书日期	日期/时间		长日期	

表 2-5　"读者"表的结构

字段名	字段类型	字段大小	格式	主键
读者编号	文本	10		是
姓名	文本	20		
性别	文本	2		
单位	文本	20		
已借册数	数字	字节	标准	

表 2-6　"出版社"表的结构

字段名	字段类型	字段大小	主键
出版社	文本	20	是
地址	文本	50	
电话	文本	30	

在该数据库中使用数据表视图创建"图书"表和"图书借阅"表，使用设计视图创建"读者"和"出版社"表。

（一）　使用数据表视图创建"图书借阅"表

在"图书借阅管理系统"数据库中，使用数据表视图创建"图书"表和"图书借阅"表，操作步骤如下。

【操作步骤】

STEP 1　启动 Access 2010。

STEP 2　打开"图书借阅管理系统"数据库。

STEP 3　单击功能区【创建】选项卡上【表】组中的▦（表）按钮，打开表的数据表视图。

STEP 4　在数据表中设计表的结构。

（二）　使用设计视图创建表

在"图书借阅管理系统"数据库中，使用设计视图创建"读者"和"出版社"表，操作步骤如下。

【操作步骤】

STEP 1　启动 Access 2010。

STEP 2　打开"图书借阅管理系统"数据库。

STEP 3　单击功能区【创建】选项卡上【表】组的▦（表设计）按钮，打开表的设计视图。

STEP 4　在设计视图中设计表的结构。

实训二　使用设计视图设置表的属性

在"图书借阅管理系统"数据库中，重新在表的设计视图中设计"图书"表和"图书借阅"表的结构。使用设计视图设置所有表的属性，然后在表中输入记录。

（一）　设置表的属性

在"图书借阅管理系统"数据库中，使用表的设计视图设置表的属性，操作步骤如下。

【操作步骤】

STEP 1　启动 Access 2010。

STEP 2　打开"图书借阅管理系统"数据库。

STEP 3　在导航窗格中打开"图书"表和"图书借阅"表的设计视图。

STEP 4 在设计视图中，设置每个字段的属性。

（二） 输入表的记录

在"图书借阅管理系统"数据库中，输入所有表的记录，熟练掌握记录的编辑方法，操作步骤如下。

【操作步骤】

STEP 1 启动 Access 2010。

STEP 2 打开"图书借阅管理系统"数据库。

STEP 3 在导航窗格中依次双击每个表，并输入记录。

项目小结

● 使用数据表视图是一种直接创建表的方法，但不能对字段的属性进行设置。

● 使用设计视图创建表是一种十分灵活的方法，但也是比较复杂的方法。在设计视图中可以添加、删除、修改字段，也可以设置字段的属性。在数据表视图中也可以设置字段的部分属性，但只能设置几个可用的字段属性，要访问和设置字段属性的完整列表，必须在表的设计视图中进行。

● 通过设置字段属性，可以控制字段中数据的外观，帮助防止在字段中输入不正确的数据，为字段指定默认值等。

● 在数据表视图中，除了可以添加、删除字段等操作外，还可以添加记录、删除记录、追加记录、修改记录、查看和浏览记录等。

● 数据库中的表创建完毕后，可以对表进行复制、删除、重命名等操作。

● 通过设置数据表中字体、颜色、列宽和行高、隐藏列、冻结列、单元格效果、网格线显示方式、背景色、网格线颜色、边框和线型等格式，可以更好地修饰表和浏览表。

思考与练习

一、简答题

1. 创建数据表主要有哪几种方法？

2. 将表的数据表视图切换为设计视图有哪几种方法？

3. 在数据表视图中添加新记录有哪几种方法？

4. 在数据表视图中删除记录有哪几种方法？

5. 设置输入掩码有什么作用？

6. 有几种保存数据表的方法？

7. 在数据表中输入数据时节省时间的方法有哪些？

二、上机练习

1. 在"仓库管理系统"数据库中，分别使用不同的方法创建"商品""入库""出库"和"仓库"表。

2. 在"仓库管理系统"数据库中，使用设计视图设置表的属性，每个表的结构如表2-7、表2-8中、表2-9和表2-10所示。

表 2-7 "商品"表的结构

字段名	字段类型	字段大小	格式	主键
商品编号	文本	10		是
商品名称	文本	100		
价格	数字	单精度型	货币	
产地	文本	100		
出厂日期	日期/时间		长日期	
备注	备注			

表 2-8 "入库"表的结构

字段名	字段类型	字段大小	格式	主键
商品编号	文本	10		是
仓库编号	文本	10		是
入库日期	日期/时间		长日期	
入库数量	数字	字节	标准	
备注	备注			

表 2-9 "出库"表的结构

字段名	字段类型	字段大小	格式	主键
商品编号	文本	10		是
仓库编号	文本	10		是
出库日期	日期/时间		长日期	
出库数量	数字	字节	标准	
备注	备注			

表 2-10 "仓库"表的结构

字段名	字段类型	字段大小	格式	主键
仓库编号	文本	10		是
仓库名称	文本	100		
建筑日期	日期/时间		长日期	
仓库面积	数字	单精度型	标准	
备注	备注			

3. 在"仓库管理系统"数据库中，使用数据表视图输入每个表的记录。

4. 在"仓库管理系统"数据库中，设置"商品"表的格式。

PART 3

项目三
表的高级操作与设置表的
关系

在数据表中，常常存储了大量的数据，当需要查找或替换特定的信息时，可使用 Access 提供的查找和替换功能。当需要查找某一类特定的信息时，可以使用数据的排序和筛选功能。

在数据库中为每个主题创建表后，必须提供在需要时将这些信息重新组合到一起的方法。具体方法是，在相关的表中利用公共字段定义表之间的关系。公共字段通常在两个表中使用相同名称的字段。在大多数情况下，这些公共字段是其中一个表的主键，另一个表的外键，因此在定义表之间的关系前，要先设置表的主键。

课堂案例展示

在"驾校学员管理系统"数据库中，在"学员"表中按照"性别"字段升序排序，如果"性别"字段的内容相同，再按照"单位"字段降序排列，排序后的效果如图 3-1 所示。在"学员"表中筛选女学生的记录，如图 3-2 所示。在"驾校学员管理系统"数据库中创建表之间的关系，如图 3-3 所示。

学员编号	姓名	性别	籍贯	出生日期	报名日期	单位	党员	备注
201207	郑书香	女	江苏省无锡市	1986-6-16	2011-3-5	社会团体	☐	
201215	韩冬雪	女	北京市	1980-9-3	2011-6-12	社会团体	☑	
201231	韩梦柔	女	河北省保定市	1992-9-9	2011-12-2	社会团体	☐	
201216	杨露柳	女	江苏省无锡市	1979-7-1	2011-7-7	机关	☐	
201203	钱翠雁	女	江苏省南京市	1975-2-12	2010-11-15	机关	☑	
201224	许三蕊	女	湖南省长沙市	1999-7-4	2011-9-3	学生	☐	
201201	李琴瑶	女	山东省青岛市	1998-7-13	2009-6-18	学生	☐	
201205	周柳雪	女	山东省济南市	1990-9-5	2011-1-29	学生	☐	
201218	钱新珊	女	湖北省武汉市	1966-3-10	2011-7-25	其它	☐	
201228	周柳雪	女	辽宁省沈阳市	1982-7-21	2011-10-9	企业	☐	
201229	蒋萍	女	上海市	1991-1-9	2011-11-13	事业	☐	
201212	冯萱旎	女	河南省邯郸市	1980-2-22	2011-5-27	个体	☐	
201222	秦傲柏	男	河南省邯郸市	1968-4-1	2011-8-22	社会团体	☐	
201233	秦飞竹	男	山东省济南市	1990-6-12	2012-3-2	机关	☑	
201226	郑如筠	男	湖北省武汉市	1987-5-15	2011-9-19	机关	☑	
201232	杨芮琴	男	江苏省无锡市	1997-4-1	2011-9-19	学生	☐	
201223	尤谷穗	男	北京市	1998-8-9	2011-8-29	学生	☑	
201210	褚以宁	男	陕西省西安市	1996-7-15	2011-4-14	学生	☐	

记录: ◄ 第 1 项(共 33 项) ► ►I   ▼无筛选器   搜索

图3-1 按照多个字段排序

学员编号	姓名	性别	籍贯	出生日期	报名日期	单位	党员	备注
⊞ 201205	周柳雪	女	山东省济南市	1990-9-5	2011-1-29	学生	☐	
⊞ 201224	许三蕊	女	湖南省长沙市	1999-7-4	2011-9-3	学生	☐	
⊞ 201201	李琴瑶	女	山东省青岛市	1998-7-13	2009-6-18	学生	☐	

记录: ◄ 第 1 项(共 3 项) ► ►I   ▼已筛选   搜索

图3-2 筛选数据

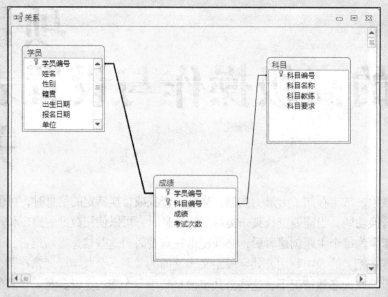

图3-3 创建表之间的关系

知识技能目标

- 掌握数据的排序和筛选。
- 掌握数据的查找和替换。
- 掌握数据表之间关系的创建。
- 掌握查看、修改和删除数据表之间的关系。
- 掌握子表的查看与创建。
- 掌握数据的导出。

任务一　排序数据

在数据表添加记录后，可以对表中的数据进行排序操作，以便更有效地查看和浏览数据记录。数据的排序就是将数据按照一定的逻辑顺序排列。表中的数据有两种排序方式：升序排列和降序排列。

数据的排列主要有基于单字段的简单排序、基于相邻多字段的简单排序和高级排序。

（一）　单字段的简单排序

例如，在"驾校学员管理系统"数据库中，基于单字段的简单排序，对"学员"表中的数据，按照"性别"字段升序排列。

【操作步骤】

STEP 1　　启动 Access 2010。

STEP 2　　打开"驾校学员管理系统"数据库。

STEP 3　　在导航窗格中双击【学员】表，打开该表的数据表视图，如图 3-4 所示。

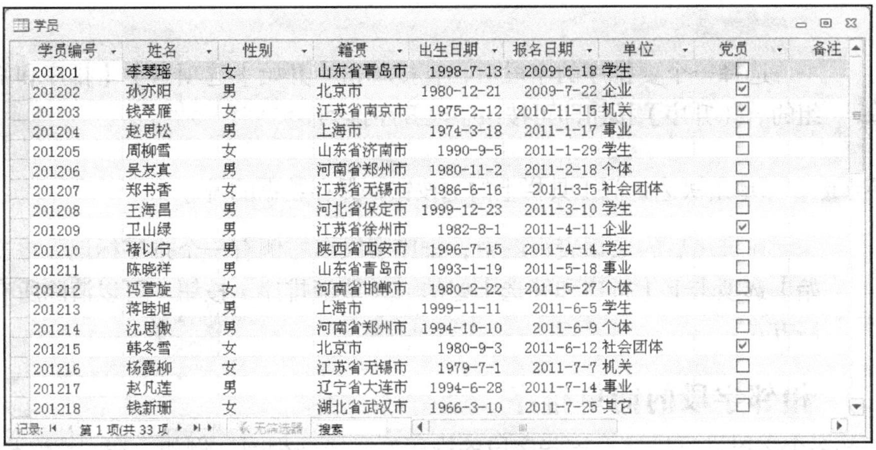

图3-4 数据表视图

在数据表视图中，单击【性别】字段名右侧的 ▾ 按钮，弹出下拉列表，如图3-5所示。

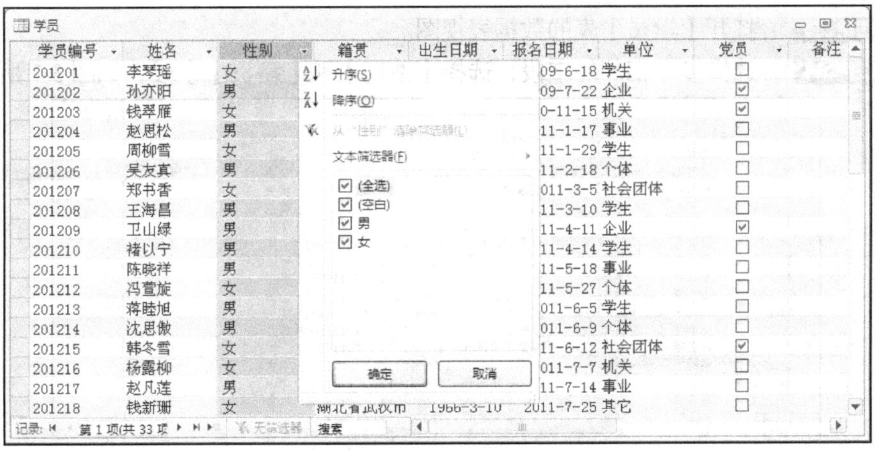

图3-5 下拉列表

在下拉列表中，选择一种排序方式，选择【升序】命令，则该字段按照升序排列，如图3-6所示。

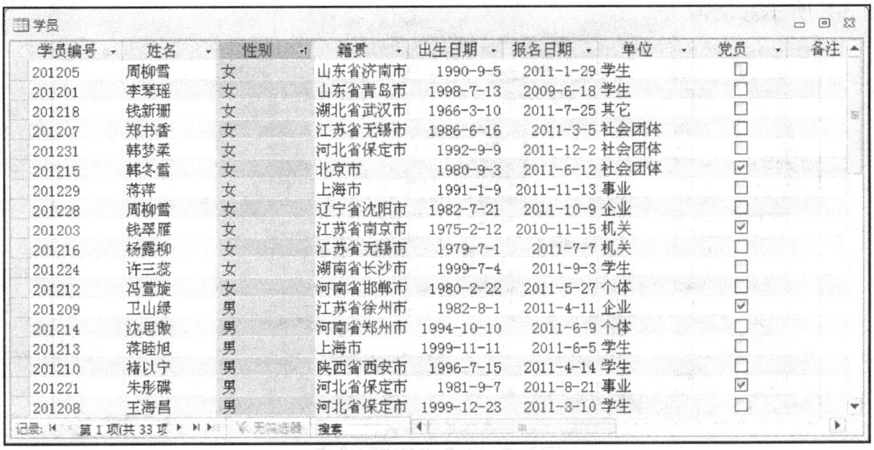

图3-6 按【性别】字段升序排序

选择一个要排序的字段后，直接单击【开始】选项卡上【排序和筛选】组的 📊 （升序）按钮即可按该字段升序排列。

STEP 6 单击快速访问工具栏上的 💾 按钮，保存数据的排序。

在排序后的数据表视图中，排序字段名右侧有一个排序标记，单击【开始】选项卡上【排序和筛选】组的 📊 （取消排序）按钮，可以清除所有的排序方式。

（二） 相邻字段的简单排序

对相邻多个字段进行排序，这些字段的排序方式必须相同。例如，在"驾校学员管理系统"数据库中，按照【性别】和【籍贯】字段升序排列。

STEP 1 启动 Access 2010。

STEP 2 打开"驾校学员管理系统"数据库。

STEP 3 打开【学员】表的数据表视图。

STEP 4 选择多个相邻的字段，选择【性别】和【籍贯】字段，如图 3-7 所示。

学员编号	姓名	性别	籍贯	出生日期	报名日期	单位	党员	备注
201201	李琴瑶	女	山东省青岛市	1998-7-13	2009-6-18	学生	☐	
201202	孙亦阳	男	北京市	1980-12-21	2009-7-22	企业	☑	
201203	钱翠雁	女	江苏省南京市	1975-2-12	2010-11-15	机关	☑	
201204	赵思松	男	上海市	1974-3-18	2011-1-17	事业	☐	
201205	周柳雪	女	山东省济南市	1990-9-5	2011-1-29	学生	☐	
201206	吴友真	男	河南省郑州市	1980-11-2	2011-2-18	个体	☐	
201207	郑书香	女	江苏省无锡市	1986-6-16	2011-3-5	社会团体	☐	
201208	王海昌	男	河北省保定市	1999-12-23	2011-3-10	学生	☐	
201209	卫山绿	男	江苏省徐州市	1982-8-1	2011-4-11	企业	☑	
201210	褚以宁	男	陕西省西安市	1996-7-15	2011-4-14	学生	☐	
201211	陈晓祥	男	山东省青岛市	1993-1-19	2011-5-18	事业	☐	
201212	冯萱旋	女	河南省邯郸市	1980-2-22	2011-5-27	个体	☐	
201213	蒋眭旭	男	上海市	1999-11-11	2011-6-5	学生	☐	
201214	沈思傲	男	河南省郑州市	1994-10-10	2011-6-9	个体	☐	
201215	韩冬雪	女	北京市	1980-9-3	2011-6-12	社会团体	☑	
201216	杨露柳	女	江苏省无锡市	1979-7-1	2011-7-7	机关	☐	
201217	赵凡莲	男	辽宁省大连市	1994-6-28	2011-7-14	事业	☐	
201218	钱新珊	女	湖北省武汉市	1966-3-10	2011-7-25	其它	☐	

记录: ◄ 第 1 项(共 33 项) ► ►I ►* 无筛选器 搜索

图3-7 选择"性别"和"籍贯"字段

STEP 5 单击【开始】选项卡上【排序和筛选】组的 📊 （升序）按钮，按升序排列，如图 3-8 所示。

学员编号	姓名	性别	籍贯	出生日期	报名日期	单位	党员	备注
201229	蒋萍	女	上海市	1991-1-9	2011-11-13	事业	☐	
201215	韩冬雪	女	北京市	1980-9-3	2011-6-12	社会团体	☑	
201205	周柳雪	女	山东省济南市	1990-9-5	2011-1-29	学生	☐	
201201	李琴瑶	女	山东省青岛市	1998-7-13	2009-6-18	学生	☐	
201203	钱翠雁	女	江苏省南京市	1975-2-12	2010-11-15	机关	☑	
201216	杨露柳	女	江苏省无锡市	1979-7-1	2011-7-7	机关	☐	
201207	郑书香	女	江苏省无锡市	1986-6-16	2011-3-5	社会团体	☐	
201231	韩梦柔	女	河北省保定市	1992-9-9	2011-9-3	社会团体	☐	
201212	冯萱旋	女	河南省邯郸市	1980-2-22	2011-5-27	个体	☐	
201218	钱新珊	女	湖北省武汉市	1966-3-10	2011-7-25	其它	☐	
201224	许三蕊	女	湖南省长沙市	1999-7-4	2011-9-3	学生	☐	
201228	周柳雪	女	辽宁省沈阳市	1982-7-21	2011-10-9	企业	☐	
201213	蒋眭旭	男	上海市	1999-11-11	2011-6-5	学生	☐	
201204	赵思松	男	上海市	1974-3-18	2011-1-17	事业	☐	
201223	尤谷穗	男	北京市	1998-8-9	2011-8-29	学生	☑	
201202	孙亦阳	男	北京市	1980-12-21	2009-7-22	企业	☑	
201220	李若涵	男	吉林省长春市	1985-1-27	2011-8-17	个体	☐	
201233	秦飞竹	男	山东省济南市	1990-6-12	2012-3-2	机关	☑	

记录: ◄ 第 1 项(共 33 项) ► ►I ►* 无筛选器 搜索

图3-8 按相邻多字段排序

STEP 6 单击快速访问工具栏上的■按钮，保存数据的排序。

在"驾校学员管理系统"中，设置"学员"表中的数据按照"籍贯"和"出生日期"字段降序排序。

（三）高级排序

Access 可以将数据表中的多个不相邻的字段进行排序，并且可以按照不同的方式排序。这需要使用到高级排序。

例如，在"驾校学员管理系统"数据库中，对"学员"表中的数据按照"性别"字段升序排序，如果"性别"字段的内容相同，再按照"单位"字段降序排列。

【操作步骤】

STEP 1 启动 Access 2010。

STEP 2 打开"驾校学员管理系统"数据库。

STEP 3 在导航窗格中双击【学员】表，打开该表的数据表视图。

STEP 4 单击【开始】选项卡上【排序和筛选】组的 高级 按钮，打开下拉菜单，如图 3-9 所示。

STEP 5 在下拉菜单中，选择【高级筛选/排序】命令，打开【学员筛选 1】窗口，如图 3-10 所示。

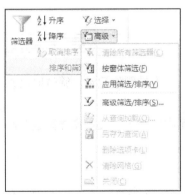

图3-9 下拉菜单　　　　图3-10 【学员筛选1】窗口

STEP 6 在【学员筛选 1】窗口中，在【字段】行第一列的下拉列表中选择要排序的字段，选择【性别】选项，在【排序】行第一列的下拉列表中选择排序的方式，选择【升序】选项。在【字段】行第二列的下拉列表中选择【单位】选项，在【排序】行第二列的下拉列表中选择【降序】选项。

在【学员筛选 1】窗口中，可以将【学员】表中的【性别】字段直接拖曳到【字段】行第一列的单元格中。

STEP 7 在【学员筛选 1】窗口中，设置完成后，单击【开始】选项卡上【排序和筛选】组的 高级 按钮，在弹出的下拉列表中选择【应用筛选/排序】命令，此时数据表按照指定的排序方式进行排列，如图 3-11 所示。

学员编号	姓名	性别	籍贯	出生日期	报名日期	单位	党员	备注
201207	郑书香	女	江苏省无锡市	1986-6-16	2011-3-5	社会团体	□	
201215	韩冬雪	女	北京市	1980-9-3	2011-6-12	社会团体	☑	
201231	韩梦柔	女	河北省保定市	1992-9-9	2011-12-2	社会团体	□	
201216	杨露柳	女	江苏省无锡市	1979-7-1	2011-7-7	机关	□	
201203	钱翠雁	女	江苏省南京市	1975-2-12	2010-11-15	机关	☑	
201224	许三蕊	女	湖南省长沙市	1999-7-4	2011-9-3	学生	□	
201201	李琴瑶	女	山东省青岛市	1998-7-13	2009-6-18	学生	□	
201205	周柳雪	女	山东省济南市	1990-9-5	2011-1-29	学生	□	
201218	钱新珊	女	湖北省武汉市	1966-3-10	2011-7-25	其它	□	
201228	周柳雪	女	辽宁省沈阳市	1982-7-21	2011-10-9	企业	□	
201229	蒋苹	女	上海市	1991-1-9	2011-11-13	事业	□	
201212	冯萱旋	女	河南省邯郸市	1980-2-22	2011-5-27	个体	□	
201222	秦傲柏	男	河南省邯郸市	1968-4-1	2011-8-22	社会团体	□	
201233	秦飞竹	男	山东省济南市	1990-6-12	2012-3-2	机关	☑	
201226	郑如筠	男	湖北省武汉市	1987-5-15	2011-9-19	机关	☑	
201232	杨芮琴	男	江苏省无锡市	1997-4-13	2011-12-7	学生	□	
201223	尤谷穗	男	北京市	1998-8-9	2011-8-29	学生	☑	
201210	褚以宁	男	陕西省西安市	1996-7-15	2011-4-14	学生	□	

记录：Ⅰ◀ 第 1 项(共 33 项 ▶ ▶Ⅰ ▶ ✖ 无筛选器 搜索

图3-11 高级排序

STEP 8　单击快速访问工具栏上的 🖫 按钮，保存数据的排序。

在"驾校学员管理系统"中，使"学员"表中的数据按照"单位"字段降序排序，如果"单位"字段的内容相同时，再按照"出生日期"字段升序排列。

任务二　筛选数据

筛选就是选择查看记录，将需要的记录从表中筛选出来，并不是删除记录。筛选时必须设定筛选条件，将符合条件的记录筛选出来。

Access 提供了 4 种筛选方式：使用筛选器筛选、基于选定内容筛选、使用窗体筛选和高级筛选。

（一）　使用筛选器筛选

例如，在"驾校学员管理系统"数据库中，使用筛选器筛选"学员"表中的数据，将"单位"字段为"学生"的筛选出来。

STEP 1　启动 Access 2010。

STEP 2　打开"驾校学员管理系统"数据库。

STEP 3　打开【学员】表的数据表视图。

STEP 4　单击【单位】字段名右侧的 🔽 按钮，打开下拉列表，即筛选器，如图 3-12 所示。

在数据表视图中，选择一个要筛选的字段，单击【开始】选项卡上【排序和筛选】组的 ▽ （筛选器）按钮，也可以打开筛选器。

图3-12 筛选器

STEP 5 在筛选器的列表框中可以筛选出特定的记录，例如选中【学生】复选框，单击 确定 按钮，筛选出符合条件的记录，如图3-13所示。

图3-13 使用筛选器筛选数据

知识提示 筛选数据后，在【单位】字段后面有一个筛选标记。

STEP 6 在应用筛选后的数据表中，记录导航器的筛选指示符显示为"已筛选"字样，单击该筛选指示符，恢复数据表原有的显示内容，同时"已筛选"字样更改为"未筛选"字样，如图3-14所示。

图3-14 恢复数据表原有的显示内容

知识提示 在记录导航器的筛选指示符显示为"未筛选"时，并不是真正地删除筛选条件，只是暂时让筛选条件失效，恢复数据表原有的显示内容，当再次单击筛选指示符时，将显示筛选的内容。

STEP 7 在筛选器中，选择【从"单位"清除筛选器】命令，可以清除筛选条件。此时记录导航器的筛选指示符显示为"无筛选器"。

在"驾校学员管理系统"中，使用筛选器筛选"学员"表中的数据，将"性别"字段为"女"的筛选出来。

（二） 基于选定内容筛选

在数据表视图中，可以按照选定的内容进行筛选，主要有 3 种方法：使用命令按钮、使用筛选器和使用快捷菜单。

例如，在"驾校学员管理系统"数据库中，对"学员"表中的数据，按照选定的内容使用筛选器进行筛选，将出生日期为"1990-1-1"之前的数据筛选出来。

【操作步骤】

STEP 1 启动 Access 2010。

STEP 2 打开"驾校学员管理系统"数据库。

STEP 3 在导航窗格中双击【学员】表，打开该表的数据表视图。

STEP 4 单击【出生日期】字段名右侧的 ∨ 按钮，打开筛选器，打开【日期筛选器】的级联菜单，如图 3-15 所示。

图3-15 级联菜单

在筛选器中，【日期筛选器】选项随着所选字段数据类型的不同而不同。

STEP 5 在级联菜单中选择适合的命令选项，例如选择【之前】选项，打开【自定义筛选器】对话框，如图 3-16 所示。

STEP 6 在【自定义筛选器】对话框中输入筛选的内容，例如输入"1990-1-1"，单击 确定 按钮，筛选出符合条件的记录，如图 3-17 所示。

图3-16 【自定义筛选器】对话框

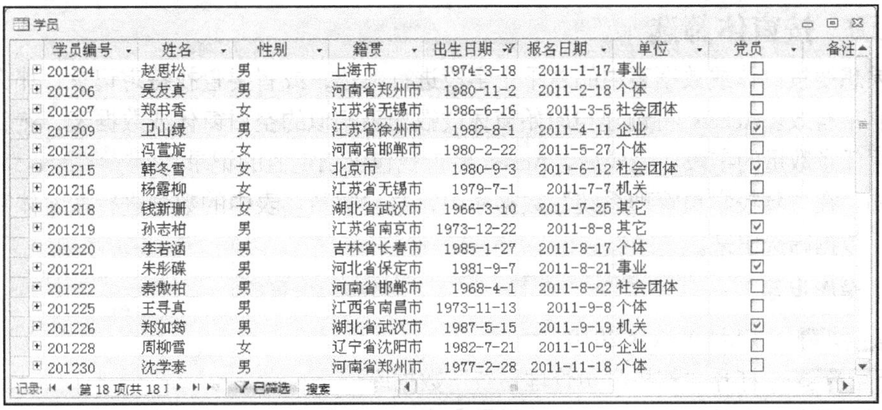

学员编号	姓名	性别	籍贯	出生日期	报名日期	单位	党员	备注
201204	赵思松	男	上海市	1974-3-18	2011-1-17	事业	☐	
201206	吴友真	男	河南省郑州市	1980-11-2	2011-2-18	个体	☐	
201207	郑书香	女	江苏省无锡市	1986-6-16	2011-3-5	社会团体	☐	
201209	卫山绿	男	江苏省徐州市	1982-8-1	2011-4-11	企业	☑	
201212	冯萱旎	女	河南省邯郸市	1980-2-22	2011-5-27	个体	☐	
201215	韩冬雪	女	北京市	1980-9-3	2011-6-12	社会团体	☑	
201216	杨露柳	女	江苏省无锡市	1979-7-1	2011-7-7	机关	☐	
201218	钱新珊	女	湖北省武汉市	1966-3-10	2011-7-25	其它	☐	
201219	孙志柏	男	江苏省南京市	1973-12-22	2011-8-8	其它	☑	
201220	李若涵	男	吉林省长春市	1985-1-27	2011-8-17	个体	☐	
201221	朱彤碟	男	河北省保定市	1981-9-7	2011-8-21	事业	☑	
201222	秦傲柏	男	河南省邯郸市	1968-4-1	2011-8-22	社会团体	☐	
201225	王寻真	男	江西省南昌市	1973-11-13	2011-9-8	个体	☐	
201226	郑如筠	女	湖北省武汉市	1987-5-15	2011-9-19	机关	☐	
201228	周柳雪	女	辽宁省沈阳市	1982-7-21	2011-10-9	企业	☐	
201230	沈学泰	男	河南省郑州市	1977-2-28	2011-11-18	个体	☐	

图3-17　筛选特定内容

【知识链接】

按照选定的内容进行筛选，还可以使用命令按钮和快捷菜单进行筛选。

（1）　使用命令按钮筛选特定内容。

使用命令按钮筛选特定内容的方法是在打开的数据表视图中，将光标置于要筛选选定内容字段的单元格中，例如，在"驾校学员管理系统"数据库的"学员"表中，将光标置于"性别"字段的单元格中，单击【开始】选项卡上【排序和筛选】组的按钮，打开下拉列表，如图3-18所示，在下拉列表中选择要选定的内容即可。

图3-18　下拉列表

（2）　使用快捷菜单筛选特定内容。

使用快捷菜单筛选特定内容的方法是在数据表视图中，将光标置于要筛选选定内容字段的单元格中，例如，在"驾校学员管理系统"数据库的"学员"表中，将光标置于"性别"字段的单元格中，单击鼠标右键，弹出快捷菜单，如图3-19所示，在快捷菜单中可以选择要筛选的命令选项，也可以单击【文本筛选器】命令，打开级联菜单，在级联菜单中选择适合的命令选项即可。

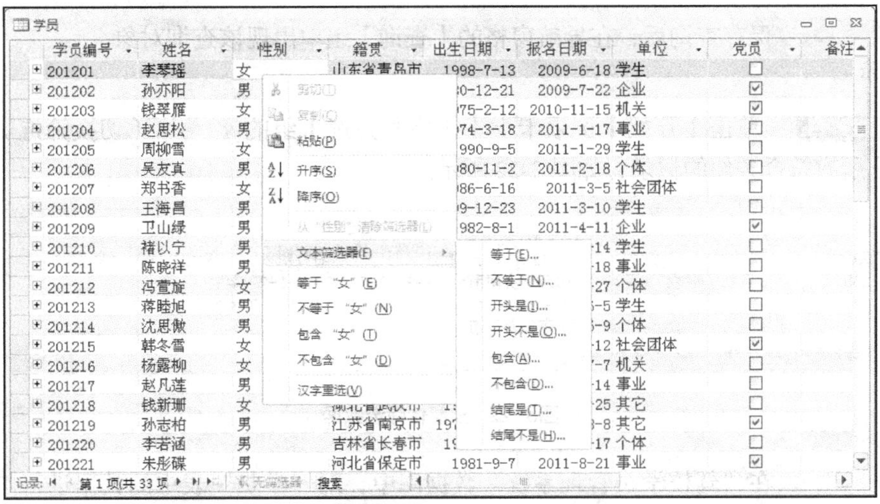

图3-19　快捷菜单

（三） 按窗体筛选

如果想要按窗体或数据表中的若干个字段进行筛选，或者要查找特定记录，那么使用窗体筛选非常有效。Access 将创建与原始窗体或数据表相似的空白窗体或数据表，然后根据需要来填写任意数量的字段。完成后，Access 将查找包含指定值的记录。

例如，在"驾校学员管理系统"数据库中，对"学员"表中的数据进行按窗体筛选，将女学生的数据筛选出来。

【操作步骤】

STEP 1 启动 Access 2010。

STEP 2 打开"驾校学员管理系统"数据库。

STEP 3 在导航窗格中双击【学员】表，打开该表的数据表视图。

STEP 4 单击【开始】选项卡上【排序和筛选】组的 🗐高级 按钮，在弹出的下拉列表中选择【按窗体筛选】命令，打开【学员：按窗体筛选】对话框，如图 3-20 所示。

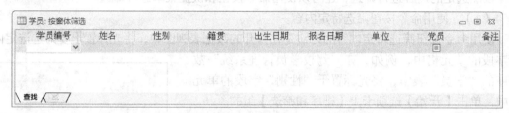

图3-20 【学员：按窗体筛选】对话框

STEP 5 在【学员：按窗体筛选】对话框中，在【性别】字段下拉列表中选择【女】选项，在【单位】字段下拉列表中选择【学生】选项。

STEP 6 在【学员：按窗体筛选】对话框中设置完成后，单击快速访问工具栏上的 🖫 按钮，打开【另存为查询】对话框，如图 3-21 所示。

STEP 7 在【另存为查询】对话框中，输入查询的名称"按窗体筛选女学生"，单击 确定 按钮。

图3-21 【另存为查询】对话框

保存查询后，在导航窗格的【查询】组中出现该查询对象。

STEP 8 单击【开始】选项卡上【排序和筛选】组的 ▼切换筛选 （切换筛选）按钮，将筛选出所有符合条件的记录，如图 3-22 所示。

图3-22 按窗体筛选数据

在"驾校学员管理系统"数据库中，对"学员"表中的数据进行按窗体筛选，将男党员的数据筛选出来。

（四）　高级筛选

高级筛选是处理复杂问题的一种筛选方法，需要使用比较复杂的条件表达式。例如，在"驾校学员管理系统"数据库中，对"成绩"表中的数据，将"科目编号"为"KM001"且成绩不小于 99 分的筛选出来。

【操作步骤】

STEP 1　启动 Access 2010。

STEP 2　打开"驾校学员管理系统"数据库。

STEP 3　在导航窗格中双击【成绩】表，打开该表的数据表视图。

STEP 4　单击【开始】选项卡上【排序和筛选】组的 【高级 ·】按钮，打开下拉菜单，在下拉菜单中，选择【高级筛选/排序】命令，打开【成绩筛选 1】窗口，如图 3-23 所示。

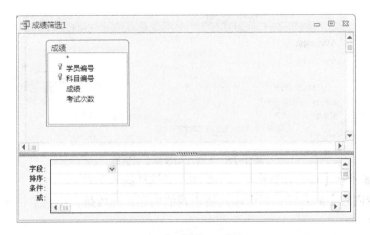

图3-23　【成绩筛选 1】窗口

STEP 5　在【成绩筛选 1】窗口中，在【字段】行第一列的下拉列表中选择【科目编号】选项，在【条件】行第一列单元格内输入"KM001"。在【字段】行第二列的下拉列表中选择【成绩】选项，在【排序】行第一列的下拉列表中选择【升序】选项，在【条件】行第二列的单元格内输入">=99"。

知识提示　　　设置筛选条件时，设置在同一行的条件之间是"与"的关系，设置在不同行的条件之间是"或"的关系。对筛选的结果还可以设置排序方式。

STEP 6　在【成绩筛选 1】窗口中，设置完成后，单击【开始】选项卡上【排序和筛选】组的 【切换筛选】（切换筛选）按钮，将筛选出所有符合条件的记录，如图 3-24 所示。

学员编号	科目编号	成绩	考试次数
201219	KM001	99	1
201215	KM001	99	1
201228	KM001	100	1
201223	KM001	100	1
201218	KM001	100	1
201216	KM001	100	1
201212	KM001	100	1

记录：第 1 项(共 7 项)　已筛选　搜索

图3-24　高级筛选数据

任务三　查找和替换数据

在 Access 数据库中的表里，常常存储了大量的数据，可以使用 Access 提供的查找和替换功能，来查找或替换需要的信息。

【操作步骤】

STEP 1　启动 Access 2010。

STEP 2　打开"驾校学员管理系统"数据库。

STEP 3　在导航窗格中双击【学员】表，打开该表的数据表视图。

STEP 4　单击【开始】选项卡上【查找】组的 🔍（查找）按钮，打开【查找和替换】对话框，如图 3-25 所示。

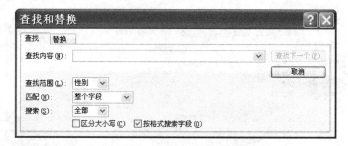

图3-25　【查找和替换】对话框

STEP 5　在【查找和替换】对话框中，各选项的含义如下。

● 【查找内容】列表框：用于输入要查找的内容，一般是表中某个记录的全部或一部分内容。

● 【查找范围】列表框：在搜索列和搜索整个表之间切换。

● 【匹配】列表框：有【字段任何部分】、【整个字段】和【字段开头】3 个选项。

● 【搜索】列表框：更改搜索方向。选择【向上】可查找光标上方的记录。选择【向下】可查找光标下方的记录。选择【全部】可从记录集的顶部开始，搜索全部记录。

● 【区分大小写】复选框：查找与搜索字符串的大小写设置匹配的值。

知识提示　　当 Access 选中【按格式搜索字段】复选框后，请保持其选中状态。如果清除该复选框，则搜索操作可能不会返回任何结果。

STEP 6　在【查找内容】列表框中输入要查找的内容，单击 查找下一个(F) 按钮，在表中显示符合要求的内容，依次单击 查找下一个(F) 按钮，将逐个显示数据表中查找的内容。

STEP 7　查找完成后，系统将弹出提示对话框，如图 3-26 所示，提示已完成搜索记录，单击 确定 按钮关闭提示对话框。

图3-26　提示对话框

知识提示　不能对【查阅】字段在【查找和替换】对话框中进行查找和替换操作。

STEP 8　在【查找和替换】对话框中，单击【替换】选项卡，即可切换到【替换】选项卡，如图 3-27 所示。

图3-27　【替换】选项卡

知识提示　单击【开始】选项卡上【查找】组的 ₃·₆ 替换 按钮，也可以打开【替换】选项卡。

STEP 9　在【替换】选项卡上，除了下列选项外，其他选项与【查找】选项卡上的含义一致。

● 【替换为】列表框：用于替换查找内容的数据。
● ⌈替换(R)⌋按钮：用于将当前符合查找的内容替换为要求的内容。
● ⌈全部替换(A)⌋按钮：用于将所有符合查找的内容替换为要求的内容。

STEP 10　在【替换】选项卡上，单击⌈取消⌋按钮关闭【查找和替换】对话框。

【知识链接】

在【查找和替换】对话框的【查找内容】列表框中可以使用通配字符查找数据，通配字符的字符、用法和示例如表 3-1 所示。

表 3-1　通配字符表

通配字符	说明	示例
*	匹配任意数量的字符。可以在字符串中的任意位置使用星号	"wh*"将找到"what""white"和"why"，但找不到"awhile"或"watch"
?	匹配任意单个字母字符	"B?ll"将找到"ball""bell"和"bill"
[ ]	匹配方括号内的任意单个字符	"b[ae]ll"将找到"ball"和"bell"，但找不到"bill"
!	匹配方括号内字符以外的任意字符	"b[!ae]ll"将找到"bill"和"bull"，但找不到"ball"或"bell"
-	匹配一定字符范围中的任意一个字符。必须按升序指定该范围（从 A 到 Z，而不是从 Z 到 A）	"b[a-c]d"将找到"bad""bbd"和"bcd"
#	匹配任意单个数字字符	"1#3"将找到"103""113"和"123"

任务四　创建数据表的关系

在数据库中，表与表之间存在着各种各样的关系，将这些表关联起来，将组成一个功能强大的关系表。两个表之间的关系通过一个相关联的字段创建，决定相关字段取值范围的表为父表，关联字段为父表的主键。另一个引用父表相关字段的表为子表，关联字段为子表的外键。根据父表和子表关联字段的相互关系，数据表间的关系分为 3 种：一对一关系、一对多关系和多对多关系。

- 一对一关系：父表中的每条记录和子表中的每条记录有且仅有一个相匹配，子表中的每条记录和父表中的每条记录也只有一条记录相匹配。在这种表关系中，父表和子表都必须以相关联的字段为主键。
- 一对多关系：父表中的每条记录和子表中的多条记录相关联，而子表中的每条记录和父表中的记录只能有一个相匹配。在这种表关系中，父表必须以相关联的字段为主键。
- 多对多关系：父表中的每条记录和子表中的多条记录相关联，子表中的每条记录也能和父表中的多条记录相关联。在这种表关系中，父表和子表之间的关联通过一个中间表来实现。

（一）　创建步骤

在数据库中，一个表可以和多个表相关联。例如，在"驾校学员管理系统"数据库中，创建数据表之间的关系。然后，可以执行查看关系、修改关系、删除关系等操作。

【操作步骤】

STEP 1　启动 Access 2010。

STEP 2　打开"驾校学员管理系统"数据库。

STEP 3　打开任一个表的数据表视图。

STEP 4　单击【表】选项卡上【关系】组的 🔲（关系）按钮，打开【关系】窗口，如图 3-28 所示。

 知识提示　直接单击【数据库工具】选项卡上【关系】组的 🔲（关系）按钮，也可以打开【关系】窗口。打开【关系】窗口时，功能区上【表】选项卡自动变为【设计】选项卡。

STEP 5　在【关系】窗口中，如果尚未定义过任何关系，则会自动显示【显示表】对话框，如图 3-29 所示。如果未出现该对话框，可以单击【设计】选项卡上【关系】组的 🔲（显示表）按钮，打开【显示表】对话框。

知识提示　在【关系】窗口中，单击鼠标右键，在弹出的快捷菜单中选择【显示表】命令，也可以打开【显示表】对话框。

图3-28 【关系】窗口

图3-29 【显示表】对话框

STEP 6 在【显示表】对话框中，选择【成绩】表，单击 添加(A) 按钮，将【成绩】表添加到【关系】窗口。同样地，将【科目】和【学员】表添加到【关系】窗口，单击 关闭(C) 按钮，关闭【显示表】对话框。添加数据表后的【关系】窗口如图 3-30 所示。

 知识提示　在添加表后的【关系】窗口中，如果要将添加的表隐藏，选择要隐藏的表，单击鼠标右键，在弹出的快捷菜单中选择【隐藏表】命令，或者单击【设计】选项卡上【关系】组的 (隐藏表) 按钮即可。

STEP 7 在添加表后的【关系】窗口中，选择【科目】表的【科目编号】字段，按住鼠标左键不放，拖曳鼠标到【成绩】表的【科目编号】字段上，释放鼠标左键，打开【编辑关系】对话框，如图 3-31 所示。

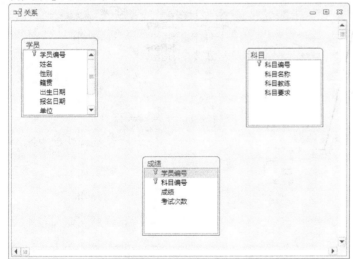

图3-30 添加数据表后的【关系】窗口

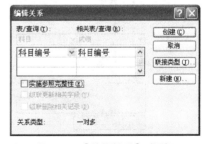

图3-31 【编辑关系】对话框

知识提示　两个表的字段名称不一定相同，但只要字段的数据类型和内容一致，就可创建关系。

STEP 8 在【编辑关系】对话框中，单击 创建(C) 按钮，关闭【编辑关系】对话框，在这两个表之间创建关系，在两个表之间显示关系线，如图 3-32 所示。

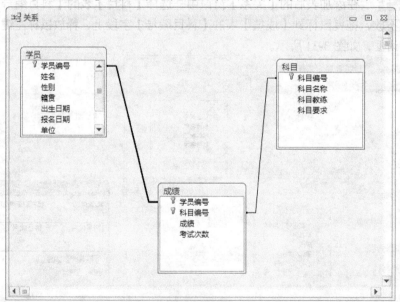

图3-32 创建【科目】表和【成绩】表的关系

STEP 9 在【关系】窗口中，用同样的方法，拖曳【学员】表的【学员编号】字段到【成绩】表的【学员编号】字段上，创建这两个表的关系，如图 3-33 所示。

图3-33 创建关系

STEP 10 选中要删除的关系线，关系线会显示得较粗，单击鼠标右键，在弹出的快捷菜单中选择【删除】命令，或者直接按 Delete 键，弹出提示对话框，如图 3-34 所示，在提示对话框中，确定是否要从数据库中永久删除选中的关系，单击 是(Y) 按钮，删除选中的关系线。

STEP 11 在【关系】窗口中，双击要修改的关系线，或者单击功能区【设计】选项卡上【工具】组的 （编辑关系）按钮，打开【编辑关系】对话框，如图 3-35 所示。

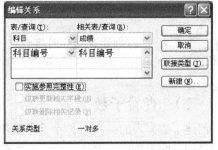

图3-34 提示对话框　　　　　　　　　　　　图3-35 【编辑关系】对话框

　　　　选中关系线后，单击鼠标右键，在弹出的快捷菜单中选择【编辑关系】命令，也可打开【编辑关系】对话框。

STEP 12 在【编辑关系】对话框中，有 3 个复选框：【实施参照完整性】、【级联更新相关字段】和【级联删除相关记录】复选框，各复选框的作用如下。

- 【实施参照完整性】复选框：确保相关表中记录之间关系的有效性。实施参照完整性必须满足的条件：一是父表的相关字段必须为主键或唯一索引，二是两表的相关字段必须具有相同的数据类型且在同一个数据库中。
- 【级联更新相关字段】复选框：在更新父表的主键字段时，自动更新子表的对应数据。
- 【级联删除相关记录】复选框：在删除父表中的记录时，自动删除子表中的记录。

STEP 13 在【编辑关系】对话框中，勾选【实施参照完整性】复选框，单击 确定 按钮，关闭【编辑关系】对话框。在【关系】窗口中，对关系实施参照完整性后，该线两端都会变粗，在父表一侧的关系线上显示数字"1"，在子表一侧的关系线上显示无限大符号"∞"，如图 3-36 所示。

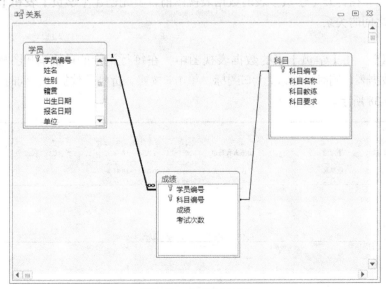

图3-36 【关系】窗口

STEP 14 单击快速访问工具栏上的■按钮，保存创建的关系。

在创建查阅列时将会自动创建表之间的关系。

66

（二）查看子数据表

创建了数据表的关系后，除了可以在数据表视图中查看单条记录信息，也可以查看与该条记录相关的子数据表中的记录。例如在"学员"表中查看子表。

【操作步骤】

STEP 1 启动 Access 2010。

STEP 2 打开"驾校学员管理系统"数据库。

STEP 3 打开【学员】表的数据表视图，如图 3-37 所示。

学员编号	姓名	性别	籍贯	出生日期	报名日期	单位	党员	备注
201201	李琴瑶	女	山东省青岛市	1998-7-13	2009-6-18	学生	☐	
201202	孙亦阳	男	北京市	1980-12-21	2009-7-22	企业	☑	
201203	钱翠雁	女	江苏省南京市	1975-2-12	2010-11-15	机关	☑	
201204	赵思松	男	上海市	1974-3-18	2011-1-17	事业	☐	
201205	周柳雪	女	山东省济南市	1990-9-5	2011-1-29	学生	☐	
201206	吴友真	男	河南省郑州市	1980-11-2	2011-2-18	个体	☐	
201207	郑书香	女	江苏省无锡市	1986-6-16	2011-3-5	社会团体	☐	
201208	王海昌	男	河北省保定市	1999-12-23	2011-3-10	学生	☐	
201209	卫山缘	男	江苏省徐州市	1982-8-1	2011-4-11	企业	☑	
201210	褚以宁	男	陕西省西安市	1996-7-15	2011-4-14	学生	☐	
201211	陈晓祥	男	山东省青岛市	1993-1-19	2011-5-18	事业	☐	
201212	冯萱旋	女	河南省邯郸市	1980-2-22	2011-5-27	个体	☐	
201213	蒋�旭	男	上海市	1999-11-11	2011-6-5	学生	☐	
201214	沈思微	男	河南省郑州市	1994-10-10	2011-6-9	个体	☐	
201215	韩冬雪	女	北京市	1980-9-3	2011-6-12	社会团体	☑	
201216	杨露柳	女	江苏省无锡市	1979-7-1	2011-7-7	机关	☐	
201217	赵凡莲	男	辽宁省大连市	1994-6-28	2011-7-14	事业	☐	
201218	钱新珊	女	湖北省武汉市	1966-3-10	2011-7-25	其它	☐	
201219	孙志柏	男	江苏省南京市	1973-12-22	2011-8-8	其它	☑	

记录: 第 21 项(共 33 项) 无筛选器 搜索

图3-37　【学员】表的数据表视图

在打开【学员】表的数据表视图前，要先创建【学员】表和【成绩】表之间的关系。

STEP 4 在【学员】表的数据表视图中，在每行记录的前面有⊞图标，单击⊞按钮，展开子数据表，同时⊞图标变为⊟图标。单击⊟按钮，折叠子数据表，同时⊟图标变为⊞图标，如图 3-38 所示。

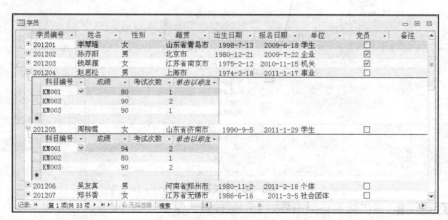

图3-38　查看子表

知识提示 先打开父表，才能查看子表。

（三） 创建子数据表

对于没有创建表之间关系的情况，Access 提供了一种直接在数据表中插入子数据表的方法。例如，在"驾校学员管理系统"数据库中，创建子表。

【操作步骤】

STEP 1 启动 Access 2010。

STEP 2 打开"驾校学员管理系统"数据库。

STEP 3 打开【学员】表的数据表视图。

STEP 4 单击【开始】选项卡上【记录】组的 其他 按钮，打开下拉菜单，在下拉菜单中单击【子数据表】命令，弹出该命令的级联菜单，如图 3-39 所示。

STEP 5 在级联菜单中，选择【子数据表】命令，打开【插入子数据表】对话框，如图 3-40 所示。

图3-39 级联菜单

图3-40 【插入子数据表】对话框

STEP 6 在【插入子数据表】对话框中，在【表】选项卡上选择【成绩】选项，在【链接子字段】和【链接主字段】下拉列表框中选择链接字段"学员编号"，单击 确定 按钮，系统将弹出提示对话框，如图 3-41 所示。

图3-41 提示对话框

STEP 7 在提示对话框中，询问是否现在创建一个关系，单击 是(Y) 按钮，将创建表之间的关系，同时在【学员】表的数据表视图中可以查看子表。

STEP 8 在【学员】表的数据表视图中，单击【开始】选项卡上【记录】组的 其他 按钮，在弹出的下拉菜单中选择【子数据表】/【删除】命令，可以在【学员】表的数据表视图中删除子数据表的显示。

知识提示 如果创建表之间的关系后，再删除子数据表，并不删除表之间的关系，可以通过再次插入子数据表的方法，在数据表中查看子表。

任务五　导出数据

通过 Access 提供的数据导出功能，按照外部应用系统所需要的格式导出数据，从而实现不同应用系统之间的数据共享。导出数据的格式主要有 Excel、XML、PDF、文本文件等格式。例如，在"驾校学员管理系统"数据库中，将"学员"表导出为文本格式。

【操作步骤】

STEP 1　　启动 Access 2010。

STEP 2　　打开"驾校学员管理系统"数据库。

STEP 3　　在导航窗格中双击【学员】表，打开该表的数据表视图。

STEP 4　　单击【外部数据】选项卡上【导出】组的 （文本文件）按钮，打开【导出—文本文件】对话框（选择数据导出操作的目标），如图 3-42 所示。

图3-42　【导出—文本文件】对话框（选择数据导出操作的目标）

STEP 5　　在【导出—文本文件】对话框（选择数据导出操作的目标）中，选择导出文件的位置和文件名，然后单击 确定 按钮，打开【导出文本向导】对话框（确定导出格式），如图 3-43 所示。

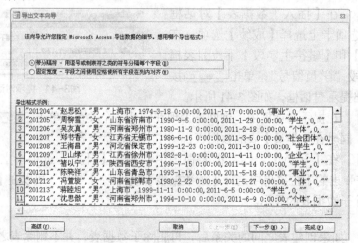

图3-43　【导出—文本文件】对话框（确定导出格式）

STEP 6 在【导出文本向导】对话框（确定导出格式）中，确定字段之间是分隔符号还是固定宽度，例如选择【带分隔符】单选按钮，单击 下一步(N) > 按钮，打开【导出文本向导】对话框（确定分隔符），如图 3-44 所示。

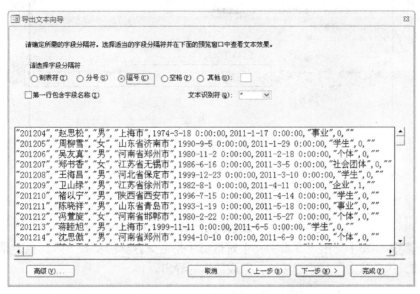

图3-44 【导出文本向导】对话框（确定分隔符）

STEP 7 在【导出文本向导】对话框（确定分隔符）中，确定字段之间的分隔符号，例如选择【逗号】单选按钮，单击 下一步(N) > 按钮，打开【导出文本向导】对话框（确定文件名），如图 3-45 所示。

图3-45 【导出文本向导】对话框（确定文件名）

STEP 8 在【导出文本向导】对话框（确定文件名）中，确定导出数据的文件名，然后单击 完成(F) 按钮，打开【导出—文本文件】对话框（是否保存导出步骤），如图 3-46 所示。

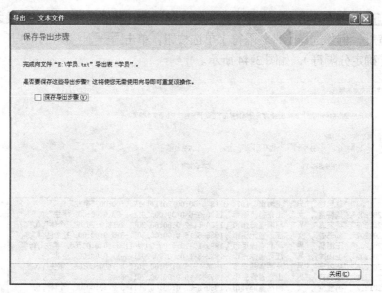

图3-46 【导出—文本文件】对话框（是否保存导出步骤）

STEP 9 在【导出—文本文件】对话框（是否保存导出步骤）中，指定是否保存这些导出步骤，然后单击 关闭(C) 按钮，完成数据的导出。

实训一　数据的排序和筛选

在"图书借阅管理系统"数据库中，通过数据的排序和筛选，实现对数据的操作与管理。

（一）　排序数据

在"图书借阅管理系统"数据库中，对"图书"表中的数据，按照"出版社"字段降序排列，按照"出版日期"字段升序排列。

【操作步骤】

STEP 1 打开"图书借阅管理系统"数据库。

STEP 2 打开"图书"表的数据表视图。

STEP 3 单击【开始】选项卡上【排序和筛选】组的 高级▾ 按钮，打开下拉菜单。

STEP 4 在下拉菜单中，选择【高级筛选/排序】命令，打开【筛选1】窗口。

STEP 5 在【筛选 1】窗口中，在【字段】行第一列的下拉列表中选择要排序的字段，选择【出版社】选项，在【排序】行第一列的下拉列表中选择【降序】选项。在【字段】行第二列的下拉列表中选择【出版日期】选项，在【排序】行第二列的下拉列表中选择【升序】选项。

STEP 6 在【筛选 1】窗口中，设置完成后，单击【开始】选项卡上【排序和筛选】组的 高级▾ 按钮，在弹出的下拉列表中选择【应用筛选/排序】命令，此时数据表按照指定的排序方式进行排列。

（二）　筛选数据

例如，在"图书借阅管理系统"数据库的"读者"表中，筛选出借书册数大于 5 的女学生。

【操作步骤】

STEP 1　　打开"图书借阅管理系统"数据库。

STEP 2　　打开"读者"表的数据表视图。

STEP 3　　单击【开始】选项卡上【排序和筛选】组的 高级· 按钮，打开下拉菜单，在下拉菜单中，选择【高级筛选/排序】命令，打开【筛选1】窗口。

STEP 4　　在【筛选 1】窗口中，在【字段】行第一列的下拉列表中选择【性别】选项，在【条件】行第一列单元格内输入"女"。在【字段】行第二列的下拉列表中选择【已借册数】选项，在【条件】行第二列的单元格内输入">5"。

STEP 5　　在【筛选 1】窗口中，设置完成后，单击【开始】选项卡上【排序和筛选】组的 切换筛选 按钮，将筛选出所有符合条件的记录。

实训二　创建数据表的关系

在"图书借阅管理系统"数据库中，创建数据表之间的关系，将数据库中的数据表关联起来，组成一个功能强大的关系表。

【操作步骤】

STEP 1　　打开"图书借阅管理系统"数据库。

STEP 2　　单击【表】选项卡上【关系】组的 （关系）按钮，打开【关系】窗口并弹出【显示表】对话框。

STEP 3　　在【显示表】对话框中，列出了当前数据库中所有的表，在【表】选项卡上选择所有的表，单击 添加(A) 按钮，将选择的表添加到窗口中，然后单击 关闭(C) 按钮，关闭【显示表】对话框。选择的表显示在【关系】窗口。

STEP 4　　在【关系】窗口中，利用公共字段定义表之间的关系，创建关系后的【关系】窗口如图 3-47 所示。

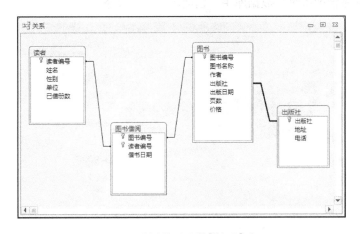

图3-47　创建关系后的【关系】窗口

STEP 5　　单击工具栏上的 按钮，保存关系。

STEP 6　　打开"读者"表的数据表视图，查看子表。

项目小结

- 通过单字段或多字段排序，更好地将数据按照一定的顺序排序，以便于查看和浏览数据。
- 使用数据的筛选功能，可以将需要查看或浏览的记录显示出来，隐藏其他的记录，但并不是删除其他的记录。
- 与 Word、Excel 等其他软件一样，可以在数据中查找和替换特定的信息。
- 在一个数据库中，为了将不同的表联系在一起，必须创建表之间的关系。创建数据表之间的关系后，可以进行查看、编辑或删除关系等操作。
- 不同的表是有联系的，可以在一个表中创建子表，并查看子表。
- Access 提供了将数据库中的数据导出到外部应用系统所需要的格式。

思考与练习

一、简答题

1. 筛选数据主要有哪几种方法？
2. 数据的查找与筛选有什么异同点？
3. 创建表之间的关系后，打开父表，查看子表，如何删除子表？

二、上机练习

1. 在"仓库管理系统"数据库中，将"商品"表中的数据按"产地"字段升序排列。
2. 在"仓库管理系统"数据库中的"商品"表中，筛选出"价格"大于"1000"的记录。
3. 在"仓库管理系统"数据库中，创建表之间的关系。

项目四
查询的创建与使用

　　Access 提供了强大的查询功能。查询是 Access 数据库中的一个重要对象。通过查询，在大量的数据中检索出符合条件的数据，供用户查看、分析数据。可以使用查询回答简单问题、执行计算、合并不同表中的数据，甚至添加、更改或删除表数据。

　　查询是从一个或多个表中根据给定的条件检索出符合条件的数据，并对数据进行操作。在 Access 中，查询主要包括选择查询、交叉表查询、参数查询、操作查询和 SQL 查询等。

课堂案例展示

　　在"驾校学员管理系统"数据库中，查询学员的成绩信息，包括"学员编号""姓名""科目名称"和"成绩"字段，查询结果如图 4-1 所示。使用向导创建交叉表查询，查询【成绩】表中每个学员的成绩信息，如图 4-2 所示。

学员成绩（选择查询）			
学员编号	姓名	科目名称	成绩
201210	褚以宁	科目一	98
201211	陈晓祥	科目一	98
201212	冯萱旋	科目一	100
201213	蒋睦旭	科目一	94
201214	沈思傲	科目一	94
201215	韩冬雪	科目一	99
201216	杨露柳	科目一	100
201217	赵凡莲	科目一	98
201218	钱新珊	科目一	100
201219	孙志柏	科目一	99

记录：第 1 项（共 93 项）　无筛选器　搜索

图4-1　选择查询结果

成绩（交叉表）			
学员编号	KM001	KM002	KM003
201201	94	70	
201202	96	60	
201203	97	70	
201204	80	90	90
201205	94	90	90
201206	92	70	
201207	80		
201208	97	70	
201209	97	90	100
201210	98	90	100
201211	98	80	90
201212	100	90	90
201213	94	80	100
201214	94	90	90
201215	99	100	90
201216	100	90	100
201217	98	90	90

记录：第 1 项（共 31 项）　无筛选器　搜索

图4-2　交叉表查询结果

　　执行参数查询时，会显示对话框，提示用户输入信息，如图 4-3 所示，提示用户输入单位，用户输入不同的单位时，查询出的结果也不同。可以对查询的记录进行分组和汇总操作，查询各单位"科目二"考试超过一次的人次，查询结果如图 4-4 所示。

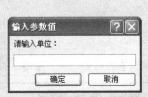

输入参数值

请输入单位：

确定　　取消

图4-3　【输入参数值】对话框

统计科目二考试超过一次的人次	
人次	单位
4	个体
2	事业
2	其它
2	学生
3	机关
1	社会团体

记录：第 1 项（共 6 项）　无筛选器

图4-4　汇总查询结果

- 掌握查询的作用与分类。
- 掌握选择查询的创建与使用。
- 掌握交叉表查询的创建与使用。
- 掌握参数查询的创建与使用。
- 掌握操作查询的创建与使用。
- 熟练掌握使用设计视图创建、修改和设计查询。
- 了解 SQL 语言和 SQL 查询的创建。

任务一　创建选择查询

选择查询是最常见的查询类型。选择查询从一个或多个相互关联的表中检索数据，并按照所需的次序进行排列显示。使用选择查询可以对记录进行分组，并且可以对记录做总计、计数、求平均值及其他类型的计算。

在 Access 中创建选择查询有两种方法：使用向导创建选择查询和使用查询设计视图创建选择查询。

（一）　使用向导创建选择查询

使用向导创建选择查询，例如，在"驾校学员管理系统"数据库中，查询学员的成绩信息，包括"学员编号""姓名""科目名称"和"成绩"字段。

【操作步骤】

STEP 1　　启动 Access 2010。

STEP 2　　打开"驾校学员管理系统"数据库。

STEP 3　　单击【创建】选项卡上【查询】组的 （查询向导）按钮，打开【新建查询】对话框，如图 4-5 所示。

STEP 4　　在【新建查询】对话框中，选择【简单查询向导】选项，单击 确定 按钮，出现【简单查询向导】对话框（确定查询字段），如图 4-6 所示。

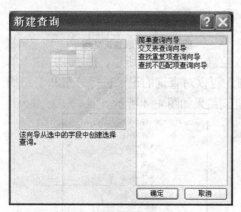

图4-5　【新建查询】对话框

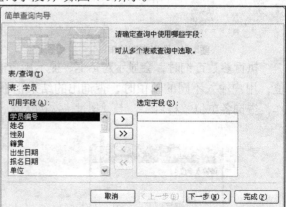

图4-6　确定查询字段

STEP 5　　在【简单查询向导】对话框（确定查询字段）中，确定使用哪些字段。在【表/查询】下拉框中选择【学员】表，在【可用字段】列表框中选择【学员编号】和【姓名】字段，添加到【选定字段】列表框中。在【表/查询】下拉框中选择【科目】表，在【可用字段】列表框中选择【科目名称】字段，添加到【选定字段】列表框中。在【表/查询】下拉框中选择【成绩】表，在【可用字段】列表框中选择【成绩】字段添加到【选定字段】列表框中。单击 下一步(N) > 按钮，出现【简单查询向导】对话框（选择明细查询或汇总查询），如图4-7所示。

STEP 6　　在【简单查询向导】对话框（选择明细查询还是汇总查询）中，确定明细查询还是汇总查询。如果单击【汇总】单选按钮，则出现如图4-8所示的【简单查询向导】对话框（汇总查询），在该对话框中单击 汇总选项(O)... 按钮，弹出如图4-9所示的【汇总选项】对话框，在【汇总选项】对话框中，可以选择需要计算的汇总值，单击 确定 按钮，回到【简单查询向导】对话框（选择明细查询或汇总查询）。在【简单查询向导】对话框（选择明细查询或汇总查询）中，单击【明细】单选按钮，则在查询结果中显示每条记录的每个字段。然后单击 下一步(N) > 按钮，出现【简单查询向导】对话框（指定查询的标题），如图4-10所示。

图4-7　选择明细查询或汇总查询

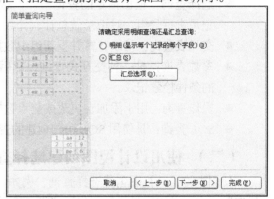

图4-8　选择汇总查询

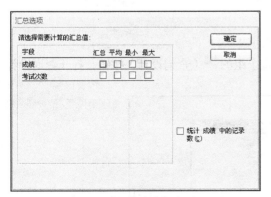

图4-9　【汇总选项】对话框

图4-10　指定查询的标题

STEP 7　　在【简单查询向导】对话框（指定查询的标题）中，指定查询的标题。例如输入"学员成绩（选择查询）"，单击【打开查询查看信息】单选按钮，然后单击 完成(F) 按钮，打开【学生成绩（选择查询）】查询的数据表视图，如图4-11所示。

STEP 8　　此时在导航窗格的【查询】对象组里显示创建的【学员成绩（选择查询）】查询，如图4-12所示。

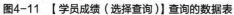

图4-11 【学员成绩（选择查询）】查询的数据表　　　　图4-12 在导航窗格显示所创建的查询

【知识链接】

在 Access 中，根据对数据源操作方式和操作结果的不同，可以把查询分为 5 种：选择查询、交叉表查询、参数查询、操作查询和 SQL 查询。

- 选择查询：根据指定的查询条件，从一个或多个表中获取数据并显示结果。可以对记录进行分组，对记录做总计、计数、求平均值及其他类型的计算。
- 交叉表查询：可以计算并重新组织数据的结构，这样可以更加方便地分析数据。
- 参数查询：是一种交互式查询，利用对话框来提示用户输入查询条件，根据所输入的条件检索记录。
- 操作查询：用于添加、更改或删除数据。
- SQL 查询：是使用 SQL 语句创建的查询。

（二） 使用设计视图创建选择查询

使用查询设计视图创建选择查询，例如，在"驾校学员管理系统"数据库中，查询"科目二"一次通过的学员信息，包括"学员编号""姓名""科目名称"和"成绩"字段。

【操作步骤】

STEP 1 启动 Access 2010。

STEP 2 打开"驾校学员管理系统"数据库。

STEP 3 单击【创建】选项卡上【查询】组的 ▦（查询设计）按钮，打开查询设计视图和【显示表】对话框，如图 4-13 所示。

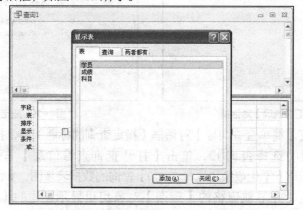

图4-13 查询设计视图和【显示表】对话框

STEP 4　在【显示表】对话框中，选择【成绩】表，单击 添加(A) 按钮，则【成绩】表显示在查询设计视图窗口中，同样地，将【科目】表和【学员】表依次添加到查询设计视图窗口中，最后单击 关闭(C) 按钮，关闭【显示表】对话框。选择的表显示在查询设计视图窗口中，如图4-14所示。

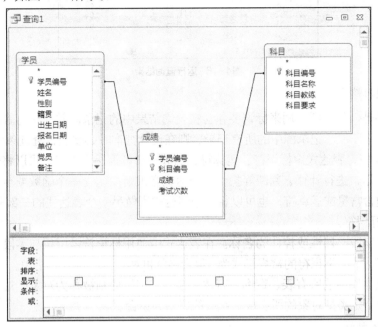

图4-14　查询设计视图

STEP 5　在查询设计视图中，单击【字段】栏的第一个单元格，打开下拉列表选择需要筛选的【学员编号】字段，则在【表】栏中显示【学员编号】字段所属的【学员】表，用同样的操作将【姓名】字段、【科目名称】字段、【成绩】字段和【考试次数】字段添加到查询设计视图中，在【考试次数】字段下方的【条件】栏中输入"1"，取消该字段下方的显示复选框，在【科目名称】字段下方的【条件】栏中输入"科目二"，在【成绩】字段下方的【条件】栏中输入">=80"。

> 在查询设计视图中，直接双击【学员】表中的【学员编号】字段即可将该字段添加到设计网格中。另外，可以在【排序】栏里设置显示的顺序。

STEP 6　单击快速访问工具栏上的█按钮，打开【另存为】对话框，如图4-15所示。

STEP 7　在【另存为】对话框中，在【查询名称】文本框中输入"科目二一次通过的学员信息（设计视图）"，单击 确定 按钮即可。

图4-15　【另存为】对话框

STEP 8　查询设计视图完成后，如果要查看查询结果，直接双击导航窗格【查询】对象组的【学生成绩（选择查询）】查询，或者在查询设计视图中单击【设计】选项卡上【结果】组的 （视图）按钮或 （运行）按钮，运行结果如图4-16所示。

图4-16 运行查询结果

【知识链接】

查询条件是一种规则，用来标识要包含在查询结果中的记录。并非所有查询都必须包含条件，但是如果不显示记录源中的所有记录，则在设计查询时必须设置查询条件。

在 Access 中，表达式由标识符、运算符、函数和常量等元素组成，可以将这些元素单独或组合起来使用，进行计算、判断等操作。表达式必须至少包含一个函数或至少包含一个标识符，可以包含常量或运算符，也可以将一个表达式用做另一个表达式的一部分。

（1） 标识符。

标识符是字段、属性或控件的名称。在表达式中使用标识符以引用与字段、属性或控件关联的值。表达式中标识符的常规形式为 [集合名称]![对象名称].[属性名称]。

Access 数据库中的所有表、查询、窗体、报表和字段分别被称为对象，每个对象都具有一个名称。由特定类型对象的所有成员组成的集称为集合。

（2） 运算符。

表达式常用的运算符包括算术运算符、比较运算符、逻辑运算符、连接运算符和特殊运算符等。

算术运算符包括："+""-""*""/""\""mod""^"，分别代表加、减、乘、除、整除、求余数、乘方。算术运算符用于算术运算，算术运算符的含义及示例如表 4-1 所示。

表4-1 算术运算符

运算符	含义	示例
+	对两个数字求和	1+3=4
-	求出两个数的差，或指示一个数的负值	4-1=3
*	将两个数字相乘	2*4=8
/	用第1个数字除以第2个数字	8/4=2
\	将两个数字舍入为整数，再用第一个数字除以第二个数字，然后将结果截断为整数	15\4=3
mod	用第1个数字除以第2个数字，并只返回余数	14mod4=2
^	使数字自乘为指数的幂	2^3=8

比较运算符包括："="">"">="""<""<="""<>"，分别代表等于、大于、大于或等于、小于、小于或等于、不等于。比较运算符用于比较两个值或表达式之间的关系，比较的结果为 True、False 或 Null。比较运算符的含义及示例如表 4-2 所示。

表 4-2　比较运算符

运算符	含义	示例	
<	确定第一个值是否小于第二个值	1<4	True
<=	确定第一个值是否小于或等于第二个值	"A"<="B"	False
>	确定第一个值是否大于第二个值	1>4	False
>=	确定第一个值是否大于或等于第二个值	"A">="B"	True
=	确定第一个值是否等于第二个值	1=4	False
<>	确定第一个值是否不等于第二个值	1<>4	True

逻辑运算符包括："And""Or""Not""Xor"，分别代表与、或、非、异或。逻辑运算符被称为布尔运算符，逻辑运算符的含义及示例如表 4-3 所示。

表 4-3　逻辑运算符

运算符	用法	说明
And	Expr1 And Expr2	当 Expr1 和 Expr2 都为 True 时，结果为 True
Or	Expr1 Or Expr2	当 Expr1 或 Expr2 为 True 时，结果为 True
Not	Not Expr	当 Expr 不为 True 时，结果为 True
Xor	Expr1 Xor Expr2	当 Expr1 为 True 或 Expr2 为 True 但并非两者都为 True 时，结果为 True

连接运算符包括："&"和"+"。连接运算符主要用于字符串运算，通过连接运算符可能将两个或多个字符串连接起来，生成一个新的字符串，例如"查询"&"设计视图"，运算结果为"查询设计视图"。

特殊运算符包括：Between And、Like、In 等，用法如下。

● Between A And B：用于指定A到B之间的范围，A和B的数据类型相同。例如，查找 2006 年~2007 年出生的记录，Between #2006-1-1# And #2007-12-31#。

● Like：查找指定的字符串，可以使用通配符。"*"表示任意字符，"?"表示任意一个字符，"#"表示任意一个数字。例如，查找姓姜的记录，Like "姜*"。

● In：指定一系列值列表。例如，查找课程编号为"1001"和"1002"的记录，In(1001, 1002)。

（3）函数。

函数由 3 部分组成：函数名、参数和返回值，各部分有如下功能。

● 函数名：起标识作用。

● 参数：函数名称后面圆括号内的常量值、变量、表达式或函数等。

● 返回值：函数经过计算，返回的一个值。

使用函数表达式的常规形式是：函数(参数，参数)，有些函数没有参数。常用的一些函数如表 4-4 所示。

表 4-4　常用的函数

	函数	含义	示例
算术函数	Abs(number)	指定 number 数字的绝对值	Abs(-5)　　返回 5
	Sqr(number)	指定 number 数字的平方根	Sqr(4)　　返回 2
	Int(number)	返回 number 数字的整数部分	Int（-8.4）　返回-9
	Sin(number)	指定 number 角的正弦值	Sin(1.57) 返回 0.999 999 68
	Round(expression[,numdecimalplaces])	返回一个四舍五入到指定的小数位数的数字	Round(2.5182)　返回 2.52
日期／时间函数	Date()	返回当前的系统日期	08-12-11
	Time()	返回当前的系统时间	12:50:50
	Now()	指定当前的日期和时间	08-12-11 12:50:50
	Year(date())	返回一个年份的整数	2008
	Hour(time())	返回小时的整数	12
	Timer()	返回一个自午夜后经过的秒数	81 598.11
文本函数	Left(string, length)	包含从 string 字符串左侧算起指定数量的字符	Left("Hello World", 7) 返回"Hello W"
	Len(string)	字符串的长度	Len(Access)　　返回　6
	String(number, character)	指定长度的重复字符串	String(5, "*")　返回"*****"
	UCase(string)	将字符串转换为大写形式	UCase("Hello World 1234") 返回　"HELLO WORLD 1234"

（4）　常量。

常量是指在表达式的运算过程中不变的数字或字符串，例如"中国"、3.14159。

可以在数据库中的许多位置使用表达式。例如，表、查询、窗体、报表和宏都具有接受表达式的属性。使用表达式可以执行计算，检索字段或控件的值，为查询提供条件，定义规则，创建计算控件和计算字段，以及定义报表的分组级别等。

课堂练习

在"驾校学员管理系统"数据库中，查询科目一不通过的学员信息，包括"学员编号""姓名""科目名称"和"成绩"字段。

（三） 使用向导查找重复项查询

查找重复项查询可以查找表中是否有重复的记录，也可以查找表中是否有重复的字段值。例如，在"驾校学员管理系统"数据库中，查找是否有重名的学员记录。

【操作步骤】

STEP 1 启动 Access 2010。

STEP 2 打开"驾校学员管理系统"数据库。

STEP 3 单击【创建】选项卡上【查询】组的 📇（查询向导）按钮，打开【新建查询】对话框，如图 4-17 所示。

STEP 4 在【新建查询】对话框中，选择【查找重复项查询向导】选项，单击 确定 按钮，出现【查找重复项查询向导】对话框（选择表或查询），如图 4-18 所示。

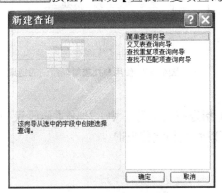

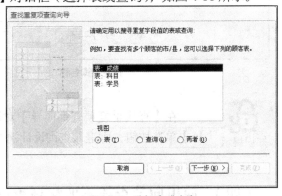

图4-17 【新建查询】对话框　　　　图4-18 选择表或查询

STEP 5 在【查找重复项查询向导】对话框（选择表或查询）中，选择【表：学员】选项，单击 下一步(N) > 按钮，出现【查找重复项查询向导】对话框（选择重复值字段），如图 4-19 所示。

STEP 6 在【查找重复项查询向导】对话框（选择重复值字段）中，在【可用字段】列表框中选择【姓名】选项，单击 > 按钮，则将选中的字段添加到【重复值字段】列表框中。单击 下一步(N) > 按钮，出现【查找重复项查询向导】对话框（选择另外的查询字段），如图 4-20 所示。

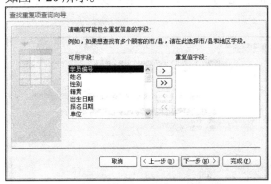

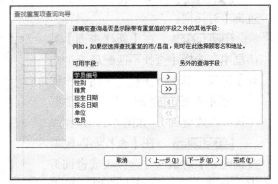

图4-19 选择重复值字段　　　　图4-20 选择另外的查询字段

STEP 7 在【查找重复项查询向导】对话框（选择另外的查询字段）中，可以添加其他显示的字段。直接单击 下一步(N) > 按钮，出现【查找重复项查询向导】对话框（指定查询名称），如图 4-21 所示。

STEP 8 在【查找重复项查询向导】对话框（指定查询名称）中，在【请指定查询的名称】文本框中输入"查找姓名重复项"，单击【查看结果】单选按钮，然后单击 完成(F) 按钮，出现如图 4-22 所示的查询结果，显示表中重复的字段值及重复次数。

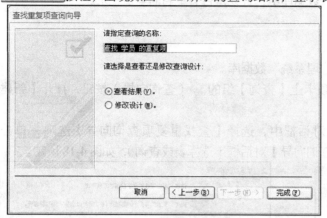

图4-21 指定查询名称　　　　图4-22 使用查找重复项查询的结果

> **知识提示**　在【查找重复项查询向导】对话框（指定查询名称）中，单击【修改设计】单选按钮，则进入查询设计视图，可以修改和完善查询。

（四） 使用向导查找不匹配项查询

查找不匹配项查询可以在一个表中查找另一个表中所没有的相关记录。执行查找不匹配项查询至少需要两个表，并且这两个表必须在同一个数据库中。例如，在"驾校学员管理系统"数据库中，查找"成绩"表中没有学员考试的信息。

　　【操作步骤】

STEP 1　启动 Access 2010。

STEP 2　打开"驾校学员管理系统"数据库。

STEP 3　单击【创建】选项卡上【查询】组的 （查询向导）按钮，打开【新建查询】对话框。

STEP 4　在【新建查询】对话框中，选择【查找不匹配项查询向导】选项，单击 确定 按钮，出现【查找不匹配项查询向导】对话框（选择表或查询），如图 4-23 所示。

STEP 5　在【查找不匹配项查询向导】对话框（选择表或查询）中，选择【表：学员】选项，单击 下一步(N) > 按钮，出现【查找不匹配项查询向导】对话框（选择相关表或查询），如图 4-24 所示。

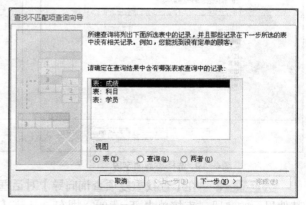

图4-23 选择表或查询

STEP 6 在【查找不匹配项查询向导】对话框（选择相关表或查询）中，选择要查找不匹配的表或查询，选择【表：成绩】选项，单击 下一步(N) > 按钮，出现【查找不匹配项查询向导】对话框（确定关联的字段），如图 4-25 所示。

图4-24 选择相关表或查询

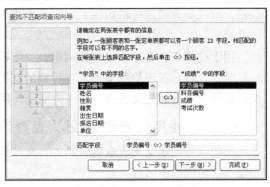

图4-25 确定关联的字段

STEP 7 在【查找不匹配项查询向导】对话框（确定关联的字段）中，匹配字段为【学员编号】字段，单击 下一步(N) > 按钮，出现【查找不匹配项查询向导】对话框（确定显示的字段），如图 4-26 所示。

STEP 8 在【查找不匹配项查询向导】对话框（确定显示的字段）中，单击 >> 按钮，将所有的字段都添加到【选定字段】列表框中，单击 下一步(N) > 按钮，出现【查找不匹配项查询向导】对话框（指定查询名称），如图 4-27 所示。

图4-26 确定显示的字段

图4-27 指定查询名称

STEP 9 在【查找不匹配项查询向导】对话框（指定查询名称）中，在【请指定查询的名称】文本框中输入"没有学员考试的信息"，单击【查看结果】单选按钮，然后单击 完成(F) 按钮，出现如图 4-28 所示的查询结果，显示出没有学员考试的信息。

图4-28 查找不匹配项查询结果

任务二　创建交叉表查询

交叉表查询可以计算并重新组织数据的结构，以一种紧凑的、类似电子表格的形式显示数据，可以更方便地分析数据。交叉表查询主要计算数据的总和、平均值、计数或其他类型的计算。

用于交叉表查询的字段分成两组，一组以行标题的方式显示在表格的左边，另一组以列标题的方式显示在表格的顶端，在行列的交叉点上显示计算数据。创建交叉表查询有两种方法：使用向导创建交叉表查询和在查询设计视图中创建交叉表查询。

（一）　使用向导创建交叉表查询

使用向导创建交叉表查询，例如，在"驾校学员管理系统"数据库中，查询"成绩"表中每个学员的成绩信息。

【操作步骤】

STEP 1　启动 Access 2010。

STEP 2　打开"驾校学员管理系统"数据库。

STEP 3　单击【创建】选项卡上【查询】组的 （查询向导）按钮，打开【新建查询】对话框。

STEP 4　在【新建查询】对话框中，选择【交叉表查询向导】选项，单击 确定 按钮，出现【交叉表查询向导】对话框（选择表或查询），如图4-29所示。

STEP 5　在【交叉表查询向导】对话框（选择表或查询）中，选择【表：成绩】选项，单击 下一步(N) > 按钮，出现【交叉表查询向导】对话框（确定行标题），如图4-30所示。

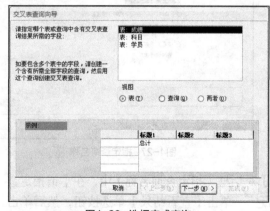

图4-29　选择表或查询

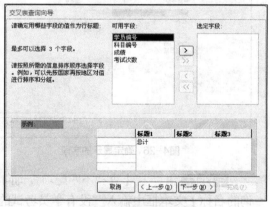

图4-30　确定行标题

STEP 6　在【交叉表查询向导】对话框（确定行标题）中，在【可用字段】列表框中选择【学员编号】选项，单击 > 按钮，则将选择的字段添加到【选定字段】列表框，单击 下一步(N) > 按钮，出现【交叉表查询向导】对话框（确定列标题），如图4-31所示。

STEP 7　在【交叉表查询向导】对话框（确定列标题）中，选择【科目编号】作为列标题，单击 下一步(N) > 按钮，出现【交叉表查询向导】对话框（确定交叉点的信息），如图4-32所示。

STEP 8　在【交叉表查询向导】对话框（确定交叉点的信息）中，确定每个行和列的交叉点计算出的数字。在【字段】列表框中选择【成绩】选项，在【函数】列表框中选择

【First】选项，取消【是，包括各行小计】复选框，单击 下一步(N) > 按钮，出现【交叉表查询向导】对话框（指定查询名称），如图 4-33 所示。

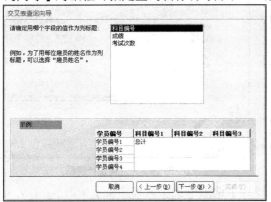

图4-31 确定列标题

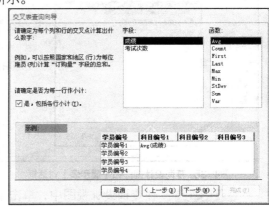

图4-32 确定交叉点的信息

STEP 9 在【交叉表查询向导】对话框（指定查询名称）中，在【请指定查询的名称】文本框中输入“成绩_交叉表”，选择【查看查询】单选按钮，然后单击 完成(F) 按钮，出现如图 4-34 所示的查询结果。

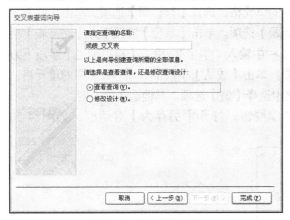

图4-33 指定查询名称

学员编号	KM001	KM002	KM003
201201	94	70	
201202	96	60	
201203	97	70	
201204	80	90	90
201205	94	80	90
201206	92	70	
201207	80		
201208	97	70	
201209	97	90	100
201210	98	90	100
201211	98	80	90
201212	100	90	90
201213	94	80	100
201214	94	90	90
201215	99	100	90
201216	100	90	100
201217	98	90	90

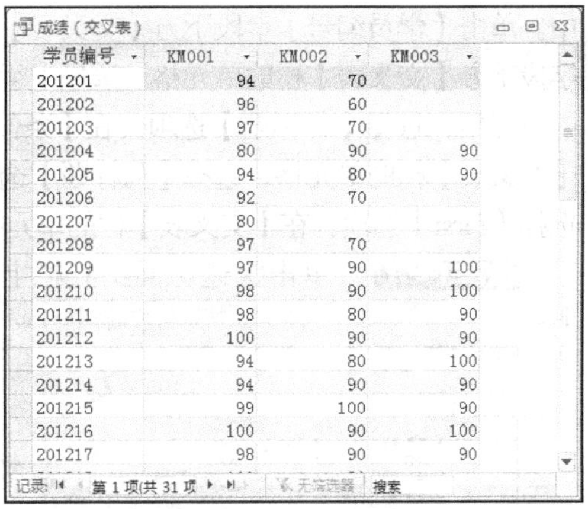

图4-34 交叉表查询结果

（二） 使用设计视图创建交叉表查询

使用查询设计视图也可以创建交叉表查询，例如，在“驾校学员管理系统”数据库中，查询“单位”为“学生”的每个学员的成绩信息。

【操作步骤】

STEP 1 启动 Access 2010。

STEP 2 打开“驾校学员管理系统”数据库。

STEP 3 单击【创建】选项卡上【查询】组的（查询设计）按钮，打开查询设计视图和【显示表】对话框，如图 4-35 所示。

STEP 4 在【显示表】对话框中，选择【学员】表和【成绩】表添加到查询设计视图，然后单击 关闭(C) 按钮，关闭【显示表】对话框。选择的表显示在查询设计视图，如图 4-36 所示。

图4-35 查询设计视图和【显示表】对话框

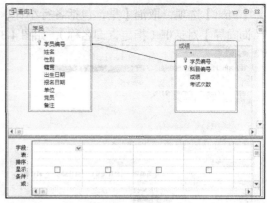

图4-36 查询设计视图

STEP 5 在查询设计视图中，单击【设计】选项卡上【查询类型】组的 ▦（交叉表）按钮，此时查询设计视图发生变化，在设计视图中增加了【总计】栏和【交叉表】栏，如图 4-37 所示。

STEP 6 在查询设计视图中，在【学员】表中双击【学员编号】、【姓名】和【单位】字段，在【成绩】表中双击【科目编号】和【成绩】字段，将这些字段添加到设计网格中。单击【学员编号】字段下方【交叉表】栏的单元格，选择【行标题】选项。单击【姓名】字段下方【交叉表】栏的单元格，选择【行标题】选项。单击【单位】字段下方【交叉表】栏的单元格，选择【行标题】选项，在【条件】栏中输入"学生"。单击【科目编号】字段下方【交叉表】栏的单元格，选择【列标题】选项。单击【成绩】字段下方【总计】栏的单元格，选择【First】选项，在【交叉表】栏的单元格中选择【值】选项。其他选择项不变。

STEP 7 单击快速访问工具栏上的 ▤ 按钮，打开【另存为】对话框，如图 4-38 所示。

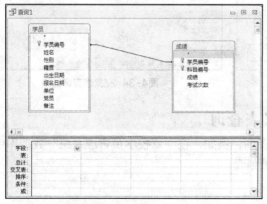

图4-37 交叉表查询设计视图

图4-38 【另存为】对话框

STEP 8 在【另存为】对话框中，在【查询名称】文本框中输入"学员成绩（交叉表）"，单击 确定 按钮即可。

STEP 9 在查询设计视图完成后，直接双击导航窗格的【查询】对象组的【学生成绩（交叉表）】查询，或者在查询设计视图中单击【设计】选项卡上【结果】组的 ▦（视图）按钮或 ！（运行）按钮，运行结果如图 4-39 所示。

图4-39 查询结果

课堂练习

在"驾校学员管理系统"数据库中，使用设计视图创建交叉表查询，查询出每个女学员的成绩信息。

任务三　创建参数查询

参数查询是一种特殊类型的查询，它在执行时显示对话框，提示用户输入信息，根据所输入的条件检索数据。用户输入不同的查询条件，查询出不同的结果，使用非常方便。

参数查询是一种交互式查询，参数查询在使用中，可以使用一个参数的查询，也可以使用多个参数的查询。

（一）　创建一个参数的查询

使用单参数查询，例如，在"驾校学员管理系统"数据库中，以"单位"字段作为参数，检索出学生的基本信息。

【操作步骤】

STEP 1　启动 Access 2010。

STEP 2　打开"驾校学员管理系统"数据库。

STEP 3　单击【创建】选项卡上【查询】组的 （查询设计）按钮，打开查询设计视图和【显示表】对话框，如图 4-40 所示。

STEP 4　在【显示表】对话框中，选择【学员】表，单击 添加(A) 按钮，然后单击 关闭(C) 按钮。选择的表显示在查询设计视图，如图 4-41 所示。

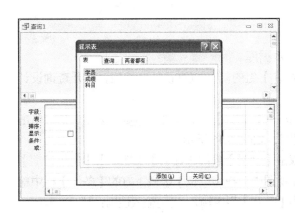

图4-40　查询设计视图和【显示表】对话框

图4-41　查询设计视图

STEP 5 在查询设计视图窗口中，双击【学员】表的【姓名】、【性别】、【出生日期】和【单位】字段，将这些字段添加到查询设计视图中，在【单位】字段下方的【条件】栏中输入"[请输入单位：]"。

知识提示 设置参数查询时，在【条件】栏中输入以方括号"[ ]"括起来的短语作为参数的名称。

STEP 6 单击快速访问工具栏上的 按钮，打开【另存为】对话框，如图4-42所示。

STEP 7 在【另存为】对话框中，在【查询名称】文本框中输入"按单位查询"，单击 确定 按钮即可。

STEP 8 直接双击导航窗格【查询】对象组的【按系别查询】查询，或者在查询设计视图中单击【设计】选项卡上【结果】组的 （运行）按钮，弹出【输入参数值】对话框，如图4-43所示。

STEP 9 在【输入参数值】对话框中，在【请输入系别：】文本框中输入"学生"，单击 确定 按钮，运行结果如图4-44所示。

图4-42 【另存为】对话框

图4-43 输入单位

图4-44 运行结果

课堂练习 在"驾校学员管理系统"数据库中，在"成绩"表中输入"科目编号"参数，检索出学员的成绩信息。

（二） 创建多个参数的查询

使用多参数查询，例如，在"驾校学员管理系统"数据库中，以"单位"和"性别"字段作为参数，检索出学员的信息。

【操作步骤】

STEP 1 启动Access 2010。

STEP 2 打开"驾校学员管理系统"数据库。

STEP 3 单击【创建】选项卡上【查询】组的 （查询设计）按钮，打开查询设计视图和【显示表】对话框，如图4-45所示。

STEP 4 在【显示表】对话框中，选择【学员】表，单击 添加(A) 按钮，然后单击 关闭(C) 按钮。选择的表显示在查询设计视图，如图4-46所示。

STEP 5 在查询设计视图窗口中，双击【学员】表的【姓名】、【性别】、【出生日期】和【单位】字段，将这些字段添加到查询设计视图中，在【单位】字段下方的【条件】栏中输入"[请输入单位：]"。在【性别】字段下方的【条件】栏中输入"[请输入性别：]"。

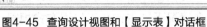

图4-45　查询设计视图和【显示表】对话框

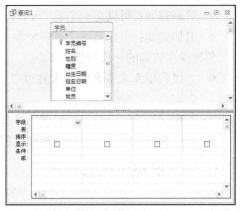

图4-46　查询设计视图

STEP 6　　单击快速访问工具栏上的█按钮，打开【另存为】对话框，如图 4-47 所示。

STEP 7　　在【另存为】对话框中，在【查询名称】文本框中输入"按性别和单位查询"，单击██确定██按钮即可。

STEP 8　　直接双击导航窗格【查询】对象组的【按性别和单位查询】查询，或者在查询设计视图中单击【设计】选项卡上【结果】组的 ！（运行）按钮，弹出【输入参数值】对话框，如图 4-48 所示。

STEP 9　　在【输入参数值】对话框中，在【请输入性别：】文本框中输入"女"，单击██确定██按钮，打开第 2 个【输入参数值】对话框，如图 4-49 所示。

图4-47　【另存为】对话框

图4-48　【输入参数值】对话框

图4-49　【输入参数值】对话框

STEP 10　　在【输入参数值】对话框中，在【请输入单位：】文本框中输入"学生"，单击██确定██按钮，运行结果如图 4-50 所示。

图4-50　运行结果

任务四　创建操作查询

操作查询是 Access 查询中的重要组成部分，操作查询用于对数据库进行复杂的数据管理操作，用于创建表或对现有表中的数据进行修改，利用操作查询可以通过一次操作完成多条记录的修改，它能够提高管理数据的质量和效率。

Access 提供的操作查询有 4 种：生成表查询、删除查询、更新查询和追加查询。

● 生成表查询：根据一个或多个表中检索的数据创建新表。

● 删除查询：可以从一个或多个表中删除一组记录。

- 更新查询：可以对一个或多个表中的一组记录做全局更改。
- 追加查询：可以将一个或多个表中的一组记录追加到一个或多个表的末尾。

创建操作查询的一般步骤如下。

- 如果数据库未签名或者未驻留在受信任位置，请将它启用。否则，将无法运行操作查询。
- 在查询的设计视图中，创建选择查询。
- 将选择查询转换为生成表查询、删除查询、更新查询或追加查询。

（一） 创建生成表查询

生成表查询是利用一个或多个表中的全部或部分数据创建新表。该新表可以保存在已打开的数据库中，也可以保存在其他数据库中。在许多情况下，查询和表使用方式相同，但也有不一样的情况。可以先由表产生查询，再由查询产生表，这样管理数据更有效，使用更加灵活、方便。

创建生成表查询，例如，在"驾校学员管理系统"数据库中，查找报名日期为"2010-12-31"之前的学员，生成一个"开除"表。

【操作步骤】

STEP 1 启动 Access 2010。

STEP 2 打开"驾校学员管理系统"数据库，在功能区的下方显示安全警告消息栏，如图 4-51 所示。

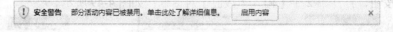

图4-51 安全警告消息栏

STEP 3 单击安全警告消息栏上的 启用内容 按钮即可。

如果在 Access 工作界面中没有出现安全警告消息栏，单击【文件】选项卡上左边的 （选项）按钮，打开【Access 选项】对话框，单击【信任中心】选项卡，然后单击窗口右边的 信任中心设置(T)... 按钮，打开【信任中心】对话框，如图 4-52 所示。单击【消息栏】选项卡，选择【活动内容（如 ActiveX 控件和宏）被阻止时在所有应用程序中显示消息栏】单选按钮，然后单击 确定 按钮即可。

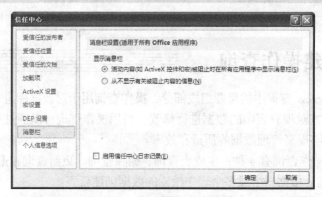

图4-52 【信任中心】对话框

STEP 4 单击【创建】选项卡上【查询】组的 （查询设计）按钮，打开查询设计视图和【显示表】对话框，如图4-53所示。

STEP 5 在【显示表】对话框中，选择【学员】表，单击 添加(A) 按钮，然后单击 关闭(C) 按钮关闭【显示表】对话框。选择的表显示在查询设计视图，如图4-54所示。

图4-53 查询设计视图和【显示表】对话框

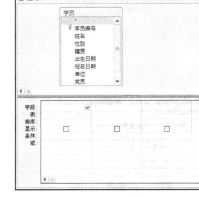

图4-54 查询设计视图

STEP 6 在查询设计视图中，双击【学员】表的【学员编号】、【姓名】、【性别】、【籍贯】、【出生日期】、【报名日期】、【单位】和【党员】字段，将这些字段添加到网格中，在【报名日期】字段下方的【条件】栏中输入 "<=#2010-12-31#"。

STEP 7 单击【设计】选项卡上【查询类型】组的 （生成表）按钮，打开【生成表】对话框，如图4-55所示。

STEP 8 在【生成表】对话框中，可以将生成的表保存在当前数据库中，也可以将生成的表保存在另外一个数据库中。单击【当前数据库】单选按钮，在【表名称】文本框中输入 "开除"，单击 确定 按钮。

STEP 9 单击快速访问工具栏上的 按钮，打开【另存为】对话框，如图4-56所示。

图4-55 【生成表】对话框

图4-56 【另存为】对话框

STEP 10 在【另存为】对话框中，在【查询名称】文本框中输入 "开除（生成表）"，单击 确定 按钮即可。

STEP 11 在查询设计视图中，单击【设计】选项卡上【结果】组的 （视图）按钮，打开查询数据表视图，显示符合条件的记录，如图4-57所示。

学员编号	姓名	性别	籍贯	出生日期	报名日期	单位	党员
201201	李琴瑶	女	山东省青岛市	1998-7-13	2009-6-18	学生	☐
201202	孙亦阳	男	北京市	1980-12-21	2009-7-22	企业	☑
201203	钱翠雁	女	江苏省南京市	1975-2-12	2010-11-15	机关	☑

记录：Ⅰ◀ 第1项（共3项） ▶ ▶Ⅰ ▶☀ 无筛选器 搜索

图4-57 显示符合条件的记录

STEP 12 在查询数据表视图中，切换到查询设计视图，单击【设计】选项卡上【结果】组的 （运行）按钮，弹出提示对话框，如图4-58所示。

STEP 13 　在提示对话框中，提示将创建新表，单击 是(Y) 按钮，创建新表，此时在导航窗格中显示【开除】表，如图 4-59 所示。

图4-58　提示对话框

图4-59　在导航窗格中显示【开除】表

 知识提示　　如果源表中的数据发生更改，必须重新运行生成表查询才能在新表中更改数据。

（二）　创建删除查询

删除查询是指将符合删除条件的整条记录删除。删除记录后，被删除的记录将无法恢复，因此，在使用删除查询前必须确定该记录可以删除或者对该表进行备份。删除查询可以删除一个表内的记录，也可以利用表间的关系删除相互关联的表的记录。

创建删除查询，例如，在"驾校学员管理系统"数据库中，在"学员"表中删除报名日期为"2010-12-31"之前的学员记录。

【操作步骤】

STEP 1　启动 Access 2010。

STEP 2　打开"驾校学员管理系统"数据库。

STEP 3　单击【创建】选项卡上【查询】组的 （查询设计）按钮，打开查询设计视图和【显示表】对话框，如图 4-60 所示。

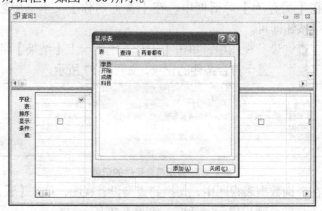

图4-60　查询设计视图和【显示表】对话框

STEP 4 在【显示表】对话框中，选择【学员】表，单击 添加(A) 按钮，然后单击 关闭(C) 按钮关闭【显示表】对话框。选择的表显示在查询设计视图中。

STEP 5 单击【设计】选项卡上【查询类型】组的 ✕! （删除）按钮，此时在查询设计视图中显示【删除】栏，如图 4-61 所示。

STEP 6 在查询设计视图中，双击【学员】表的【学员编号】、【姓名】、【性别】、【籍贯】、【出生日期】、【报名日期】、【单位】、【党员】和【备注】字段，将这些字段添加到设计网格中，在【报名日期】字段下方的【条件】栏中输入 "<=#2010-12-31#"。

STEP 7 单击快速访问工具栏上的 ■ 按钮，打开【另存为】对话框，如图 4-62 所示。

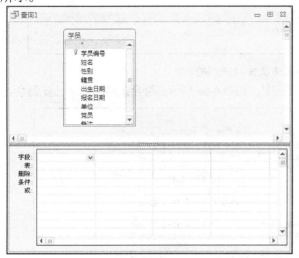

图4-61 查询设计视图

图4-62 【另存为】对话框

STEP 8 在【另存为】对话框中，在【查询名称】文本框中输入 "删除查询"，单击 确定 按钮即可。

STEP 9 在查询设计视图中，单击【设计】选项卡上【结果】组的 ▦ （视图）按钮，打开查询数据表视图，显示要删除的记录，如图 4-63 所示。

学员编号	姓名	性别	籍贯	出生日期	报名日期	单位	党员	备注
201201	李琴瑶	女	山东省青岛市	1998-7-13	2009-6-18	学生	☐	
201202	孙亦阳	男	北京市	1980-12-21	2009-7-22	企业	☑	
201203	钱翠雁	女	江苏省南京市	1975-2-12	2010-11-15	机关	☑	

记录: ◄ 第1项(共3项) ► ►► ◄ 无筛选器 搜索 ◄

图4-63 显示要删除的记录

STEP 10 在查询数据表视图中，切换到查询设计视图，单击【设计】选项卡上【结果】组的 ! （运行）按钮，弹出提示对话框，如图 4-64 所示。

STEP 11 在提示对话框中，提示是否确定删除指定的记录，单击 是(Y) 按钮，删除

图4-64 提示对话框

记录。在运行删除查询前，如果【学员】表的数据表视图处于打开状态，当运行删除查询后，被删除记录的单元格显示为 "#已删除的"，如图 4-65 所示。

图4-65 在数据表视图中被删除的记录

STEP 12 打开【学员】表的数据表视图，如图 4-66 所示，符合条件的记录已被删除。

图4-66 被删除的数据表

（三）创建更新查询

维护数据库时，经常需要对大量数据进行更新。利用更新查询可以更新表中符合条件的记录。例如将员工的工资增加 10%，将维护成本增加 20%等。

可以将更新查询视为一种功能强大的【查找和替换】对话框形式。与【查找和替换】对话框不同，更新查询可以接受多个条件，可以一次更新大量记录，也可以一次更改多个表中的记录。

创建更新查询，例如，在"驾校学员管理系统"数据库中，在"成绩"表中将"科目一"80 分以下的成绩全部更新为 80 分。

【操作步骤】

STEP 1 启动 Access 2010。

STEP 2 打开"驾校学员管理系统"数据库。

STEP 3 单击【创建】选项卡上【查询】组的 （查询设计）按钮，打开查询设计视图和【显示表】对话框，如图 4-67 所示。

图4-67 查询设计视图和【显示表】对话框

STEP 4 在【显示表】对话框中，选择【成绩】表，单击 添加(A) 按钮，然后单击 关闭(C) 按钮关闭【显示表】对话框。选择的表显示在查询设计视图。

STEP 5 单击【设计】选项卡上【查询类型】组的 （更新）按钮，此时在查询设计视图中显示【更新到】栏，如图4-68所示。

STEP 6 在查询设计视图中，双击【成绩】表的【学员编号】、【科目编号】、【成绩】和【考试次数】字段，将这些字段

图4-68 查询设计视图

添加到设计网格中，在【成绩】字段下方的【更新到】栏中输入"80"，在【条件】栏中输入"<80"，在【科目编号】字段下方的【条件】栏中输入"KM001"。

STEP 7 单击快速访问工具栏上的 按钮，打开【另存为】对话框，如图4-69所示。

STEP 8 在【另存为】对话框的【查询名称】文本框中输入"更新查询"，单击 确定 按钮即可。

STEP 9 在查询设计视图中，单击【设计】选项卡上【结果】组的 （视图）按钮，打开查询数据表视图，显示要更新的字段，如图4-70所示。

图4-69 【另存为】对话框

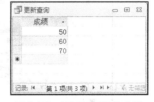

图4-70 显示要更新的字段

在查询数据表视图中，只显示需要更新的字段，并不显示整条记录。

STEP 10 在查询数据表视图中，切换到查询设计视图，单击【设计】选项卡上【结果】组的 （运行）按钮，弹出提示对话框，如图4-71所示。

STEP 11 在提示对话框中，提示是否确定更新指定的记录，单击 按钮，更新记录。

 知识提示 在运行更新查询前，要确认更新指定的记录或者备份数据表。

STEP 12 打开【成绩】表的数据表视图，如图 4-72 所示，符合条件的记录已被更新。

图4-71 提示对话框

图4-72 被更新的数据表

（四） 创建追加查询

追加查询是将一个表或多个表中符合条件的记录添加到另一个表中。追加记录时只追加相匹配的字段，忽略其他字段。

创建追加查询，例如，在"驾校学员管理系统"数据库中，将"开除"表添加到"学员"表中。

【操作步骤】

STEP 1 启动 Access 2010。

STEP 2 打开"驾校学员管理系统"数据库。

STEP 3 单击【创建】选项卡上【查询】组的 （查询设计）按钮，打开查询设计视图和【显示表】对话框，如图 4-73 所示。

图4-73 查询设计视图和【显示表】对话框

STEP 4 在【显示表】对话框中，选择【开除】表，单击 添加(A) 按钮，然后单击 关闭(C) 按钮关闭【显示表】对话框。选择的表显示在查询设计视图中。

STEP 5 单击【设计】选项卡上【查询类型】组的 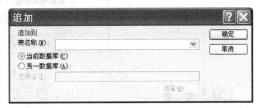（追加）按钮，打开【追加】对话框，如图 4-74 所示。

图4-74 【追加】对话框

STEP 6 在【追加】对话框中，可以将源表追加到当前数据库，也可以追加到另外一个数据库中。单击【当前数据库】单选按钮，在【表名称】下拉列表框中选择【学员】表，单击 确定 按钮，则在查询设计视图中显示【追加到】栏，如图 4-75 所示。

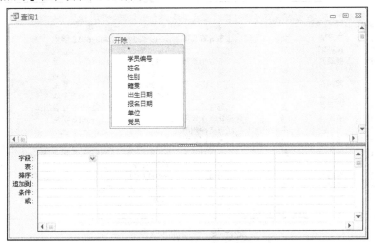

图4-75 查询设计视图

STEP 7 在查询设计视图中，双击【学员编号】、【姓名】、【性别】、【籍贯】、【出生日期】、【报名日期】、【单位】和【党员】字段，将这些字段添加到设计网格中。

STEP 8 单击快速访问工具栏上的 按钮，打开【另存为】对话框，如图 4-76 所示。

STEP 9 在【另存为】对话框中的【查询名称】文本框中输入"追加查询"，单击 确定 按钮即可。

图4-76 【另存为】对话框

STEP 10 在查询设计视图中，单击【设计】选项卡上【结果】组的 （视图）按钮，打开查询数据表视图，显示要追加的记录，如图 4-77 所示。

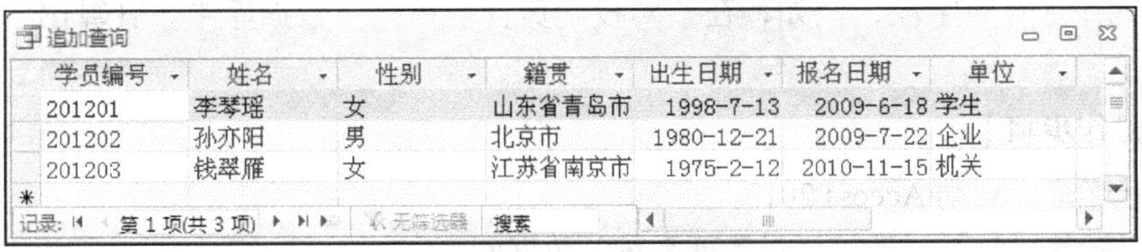

学员编号	姓名	性别	籍贯	出生日期	报名日期	单位
201201	李琴瑶	女	山东省青岛市	1998-7-13	2009-6-18	学生
201202	孙亦阳	男	北京市	1980-12-21	2009-7-22	企业
201203	钱翠雁	女	江苏省南京市	1975-2-12	2010-11-15	机关

记录: ◄ 第1项(共3项) ► ►I ►* 无筛选器 搜索

图4-77 显示要追加的记录

STEP 11 在查询数据表视图中，切换到查询设计视图，单击【设计】选项卡上【结果】组的 （运行）按钮，弹出提示对话框，如图 4-78 所示。

图4-78 提示对话框

STEP 12 在提示对话框中，提示是否确定追加指定的记录，单击 **是(Y)** 按钮，追加记录。

STEP 13 打开【学员】表的数据表视图，如图 4-79 所示，追加的记录显示在数据表中。

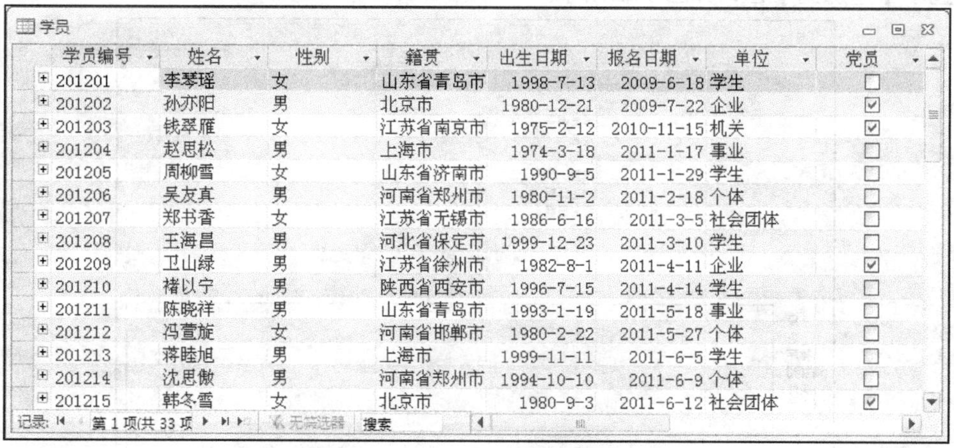

学员编号	姓名	性别	籍贯	出生日期	报名日期	单位	党员
⊞ 201201	李琴瑶	女	山东省青岛市	1998-7-13	2009-6-18	学生	☐
⊞ 201202	孙亦阳	男	北京市	1980-12-21	2009-7-22	企业	☑
⊞ 201203	钱翠雁	女	江苏省南京市	1975-2-12	2010-11-15	机关	☑
⊞ 201204	赵思松	男	上海市	1974-3-18	2011-1-17	事业	☐
⊞ 201205	周柳雪	女	山东省济南市	1990-9-5	2011-1-29	学生	☐
⊞ 201206	吴友真	男	河南省郑州市	1980-11-2	2011-2-18	个体	☐
⊞ 201207	郑书香	女	江苏省无锡市	1986-6-16	2011-3-5	社会团体	☐
⊞ 201208	王海昌	男	河北省保定市	1999-12-23	2011-3-10	学生	☐
⊞ 201209	卫山绿	男	江苏省徐州市	1982-8-1	2011-4-11	企业	☑
⊞ 201210	褚以宁	男	陕西省西安市	1996-7-15	2011-4-14	学生	☐
⊞ 201211	陈晓祥	男	山东省青岛市	1993-1-19	2011-5-18	事业	☐
⊞ 201212	冯萱旋	女	河南省邯郸市	1980-2-22	2011-5-27	个体	☐
⊞ 201213	蒋睦旭	男	上海市	1999-11-11	2011-6-5	学生	☐
⊞ 201214	沈思傲	男	河南省郑州市	1994-10-10	2011-6-9	个体	☐
⊞ 201215	韩冬雪	女	北京市	1980-9-3	2011-6-12	社会团体	☑

记录: ◄ 第1项(共33项 ► ►► ►* 无筛选器 搜索

图4-79 被追加的数据表

任务五　创建汇总查询

在查询设计视图中，可以对所筛选的记录进行汇总操作，即对表中的记录进行求和、计数、求最大值、求最小值、求平均值等操作。

（一）　向查询添加计算字段

一个设计良好的数据库不会在表中存储简单计算值。例如，数据表可能会存储一个人的出生日期，但不会存储其当前年龄。如果知道当天的日期和该人的出生日期，则可以随时计算其当前年龄，因此无需将其存储在表中。可以创建一个计算并显示相关值的查询。

向查询添加计算字段，例如，在"驾校学员管理系统"数据库中，计算出学员的当前年龄。

【操作步骤】

STEP 1 启动 Access 2010。

STEP 2 打开"驾校学员管理系统"数据库。

STEP 3 单击【创建】选项卡上【查询】组的 ▥（查询设计）按钮，打开查询设计视图和【显示表】对话框，如图 4-80 所示。

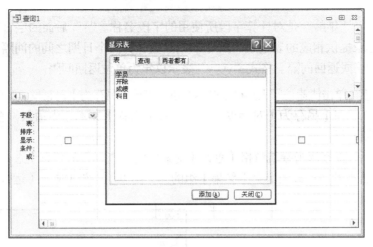

图4-80 查询设计视图和【显示表】对话框

STEP 4 在【显示表】对话框中，选择【学员】表，单击 添加(A) 按钮，然后单击 关闭(C) 按钮。选择的表将显示在查询设计视图中，如图 4-81 所示。

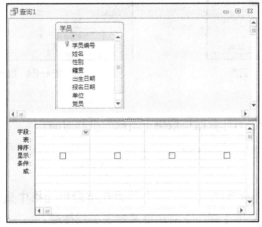

图4-81 查询设计视图

STEP 5 在查询设计视图窗口中，双击【学员】表的【学员编号】、【姓名】、【性别】、【出生日期】和【单位】字段，将这些字段添加到查询设计视图中，在下一列【字段】栏中输入 "年龄: DateDiff("yyyy",[出生日期],Date())"，在该列的【排序】栏中选择【升序】排列，如图 4-82 所示。

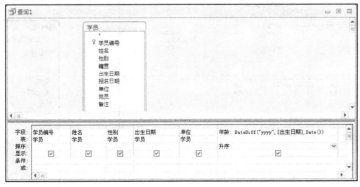

图4-82 设置查询条件

"年龄"是对计算字段所使用的字段名称。":"后面的字符串是为每个记录提供相应的表达式。DateDiff()函数计算两个日期之间的间隔,按照指定的格式返回间隔。格式"yyyy"表示以年为单位返回间隔。

STEP 6 单击快速访问工具栏上的按钮,打开【另存为】对话框,如图4-83所示。

STEP 7 在【另存为】对话框中,在【查询名称】文本框中输入"查询年龄",单击 确定 按钮即可。

STEP 8 直接双击导航窗格【查询】对象组的【查询年龄信息】查询,或者在查询设计视图中单击【设计】选项卡上【结果】组的 (视图)按钮或 (运行)按钮,运行结果如图4-84所示。

图4-83 【另存为】对话框

图4-84 运行结果

"年龄"的计算结果取决于当前的机器时间。

【知识链接】

重新命名字段标题有两种方法。一种方法是在字段单元格中直接命名字段标题,例如"年龄"。另一种方法是使用【属性】对话框来命名字段标题。

使用【属性】对话框来命名字段标题的方法是在查询的设计视图中,将光标定位在要重新命名的字段单元格中,单击鼠标右键,打开快捷菜单,如图4-85所示,在快捷菜单中,选择【属性】命令,打开【属性】对话框,如图4-86所示,单击【常规】选项卡,在【标题】栏里输入重新命名字段标题即可。

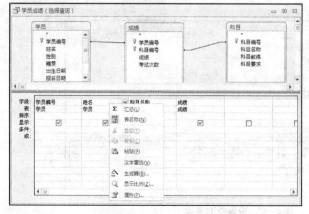

图4-85 快捷菜单

图4-86 【属性】对话框

（二）　创建汇总查询

使用汇总查询可以对查询的记录进行分组，也可以对记录求和、求平均值、计数等，例如，在"驾校学员管理系统"数据库中，查询各单位"科目二"考试超过一次的人次。

【操作步骤】

STEP 1　　启动 Access 2010。

STEP 2　　打开"驾校学员管理系统"数据库。

STEP 3　　单击【创建】选项卡上【查询】组的 （查询设计）按钮，打开查询设计视图和【显示表】对话框，如图 4-87 所示。

图4-87　查询设计视图和【显示表】对话框

STEP 4　　在【显示表】对话框中，选择【学员】和【成绩】表，添加到查询设计视图，单击 关闭© 按钮，关闭【显示表】对话框。选择的表显示在查询设计视图窗口。

STEP 5　　单击【设计】选项卡上【显示/隐藏】组的 Σ（汇总）按钮，则在查询设计视图中添加【总计】栏，如图 4-88 所示。

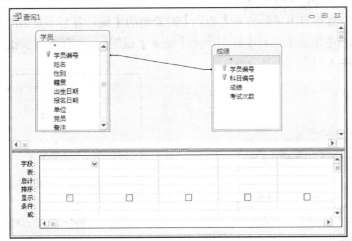

图4-88　查询设计视图

知识提示　　再次单击【设计】选项卡上【显示/隐藏】组的 Σ（汇总）按钮，将在查询设计视图中取消显示【总计】栏。

STEP 6 在查询设计视图窗口中，双击【学员】表的【学员编号】和【单位】字段，双击【成绩】表的【科目编号】和【考试次数】字段，将这些字段添加到查询设计视图中。在【学员编号】列的【字段】单元格中，在"学员编号"前面输入"人次："作为字段名称，在【总计】栏中选择【计数】选项。在【单位】列的【总计】栏中选择【Group By】选项。在【科目编号】列下方的【条件】栏中输入"KM002"，取消【显示】栏中显示，在【考试次数】列的【总计】栏中选择【Where】选项，在【条件】栏中输入">1"，如图 4-89 所示。

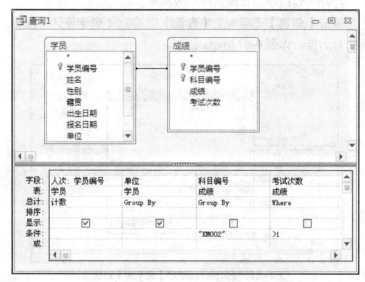

图4-89 设置查询条件

STEP 7 单击快速访问工具栏上的 按钮，打开【另存为】对话框，如图 4-90 所示。

STEP 8 在【另存为】对话框中，在【查询名称】文本框中输入"统计科目二考试超过一次的人次"，单击 确定 按钮即可。

STEP 9 直接双击导航窗格【查询】对象组的【统计各系不及格的人次】查询，或者在查询设计视图中单击【设计】选项卡上【结果】组的 （视图）按钮或 （运行）按钮，运行结果如图 4-91 所示。

图4-90 【另存为】对话框

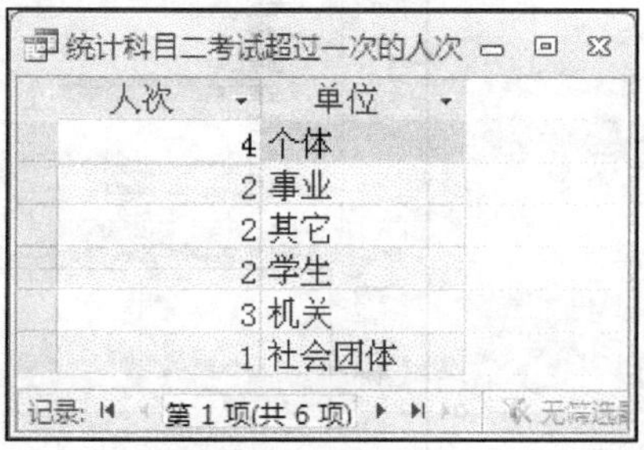

图4-91 运行结果

【知识链接】

在查询设计视图的【总计】栏中共有 12 个命令选项，各个命令选项及其功能如表 4-5 所示。使用汇总查询，可以按记录分组，可以对记录求和、求平均值、计数等，可以添加条件，也可以设置显示顺序等。

表 4-5 【总计】栏中的命令选项及其功能

命令选项	功能
Group By	分组，定义要执行计算的组
合计	求字段值的总和
平均值	求字段的平均值
最小值	求字段的最小值
最大值	求字段的最大值
计数	求字段值的个数
StDev	求字段的标准方差
变量	求字段的方差
First	求第一条记录的字段值
Last	求最后一条记录的字段值
Expression	创建在表达式中包含合计函数的计算字段
Where	指定不用于分组的字段条件。如果选择这个选项，Access 将清除【显示】复选框，隐藏查询结果中的这个字段

任务六 创建 SQL 查询

SQL 查询是使用 SQL 语言创建的查询。SQL 是指结构化查询语言（Structured Query Language）。SQL 是目前关系数据库管理系统采用的数据库主流语言，通过 SQL 语言控制数据库可以大大提高程序的可移植性和可扩展性，因为几乎所有的主流数据库都支持 SQL 语言，如 Oracle、Microsoft SQL Server、Access 等。

SQL 查询的类型主要有联合查询、数据定义查询和传递查询。在查询设计视图创建查询时，将在后台构造等效的 SQL 语句，但有一些 SQL 查询无法在查询设计视图中创建，如联合查询、传递查询和数据定义查询，这些查询只能在 SQL 视图中创建 SQL 语句。SQL 视图是用于显示和编辑 SQL 语句的窗口。SQL 视图可以查看或修改已创建的查询，也可以直接创建查询。

在设计查询时，一般先在查询设计视图中创建基本的查询功能，然后再切换到 SQL 视图中，通过编写 SQL 语句完成一些特殊的查询。

（一） 创建联合查询

联合查询使用 UNION 运算符来合并两个或更多查询及表的结果。例如，在"驾校学员管理系统"数据库中，联合"开除"表和"学员"表中"学员编号""姓名""性别"和"单位"字段，添加一个"是否开除"字段，要求列出是否开除。

【操作步骤】

STEP 1 启动 Access 2010。

STEP 2 打开"驾校学员管理系统"数据库。

STEP 3 单击【创建】选项卡上【查询】组的 （查询设计）按钮，打开查询设计视图和【显示表】对话框。

STEP 4 在【显示表】对话框中，单击 关闭(C) 按钮，关闭【显示表】对话框。

STEP 5 在查询设计视图中，单击【设计】选项卡上【查询类型】组的 ◎联合（联合）按钮，打开联合查询视图窗口，如图 4-92 所示。

图4-92 联合查询视图窗口

STEP 6 在联合查询视图窗口中，输入下列语句：

```
Select 学员编号,姓名,性别, 单位,"开除" as[是否开除]
From 开除
Union Select 学员编号,姓名,性别, 单位,"未开除"
From 学员
```

STEP 7 单击快速访问工具栏上的 ▣按钮，打开【另存为】对话框，如图 4-93 所示。

STEP 8 在【另存为】对话框的【查询名称】文本框中输入"联合查询"，单击 确定 按钮即可。

STEP 9 单击【设计】选项卡上【结果】组的 ▦（视图）按钮或 ！（运行）按钮，查询结果如图 4-94 所示。

图4-93 【另存为】对话框

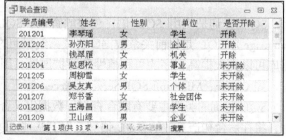

图4-94 查询结果

 知识提示 联合查询与追加查询的不同之处在于：联合查询不更改基础表。联合查询在一个记录集中追加行，该记录集在查询关闭后不复存在。

【知识链接】

在 SQL 语言中用得最多的就是 SELECT 语句，SELECT 语句构成了 SQL 数据库语言的核心。SELECT 语句的一般格式为

```
SELECT  <字段列表>  [<AS 列表头>]
FROM   <表列表>
[WHERE  <行选择说明>]
```

```
[GROUP BY  <分组说明>]
[HAVING  <组选择说明>]
[ORDER BY  <排序说明>]
```

SELECT 语句的功能是从 FORM 子句列出的表中，选择满足 WHERE 子句的记录，按 GROUP BY 子句中的值分组，再检索出满足 HAVING 子句中的组，按 SELECT 子句给出的列名输出，输出的顺序按 ORDER BY 子句的表达式。使用 AS 是对表的字段重新命名，只改变输出。在该语句中，包含在尖括号 "<>" 中的内容是必不可少的，包含在方括号 "[]" 中的内容是可选的。

SELECT 语句的最短格式为

```
SELECT  fields  FROM  table
```

例如，在"驾校学员管理系统"数据库中，显示"学员"表的"学员编号""姓名"和"单位"字段，格式如下。

```
SELECT  学员编号,姓名,单位  FROM  学员;
```

可以使用星号 "*" 来选择表内所有字段。例如选择"学员"表内的所有字段，格式如下。

```
SELECT  *  FROM  学员;
```

在 SELECT 语句中可以使用一些常用的数据处理函数，以下是常用的数据处理函数。

- AVG(field)：用来计算选定字段的平均值。
- MAX(field)：用来计算选定字段的最大值。
- MIN(field)：用来计算选定字段的最小值。
- SUM(field)：用来计算选定字段的总和。
- COUNT(field)：用来计算选定字段的记录总数。

例如，计算"学员"表的记录总数，SELECT 语句的格式如下。

```
SELECT  COUNT(学员编号)  FROM  学员;
```

（二）　创建数据定义查询

数据定义查询可以用来创建、更改或删除表，也可以在当前的数据库中创建索引或主键等。例如，在"驾校学员管理系统"数据库中，创建一个"优秀学员"表。

【操作步骤】

STEP 1　　启动 Access 2010。

STEP 2　　打开"驾校学员管理系统"数据库。

STEP 3　　单击【创建】选项卡上【其他】组的 ▣（查询设计）按钮，打开查询设计视图和【显示表】对话框。

STEP 4　　在【显示表】对话框中，单击 关闭(C) 按钮关闭【显示表】对话框。

STEP 5　　在查询设计视图中，单击【设计】选项卡上【查询类型】组的 数据定义 （数据定义）按钮，打开数据定义查询视图窗口，如图 4-95 所示。

STEP 6　　在数据定义查询视图窗口中，输入下列语句：

```
Create Table 优秀学员 (学员编号 text(10), 姓名 text(50), PRIMARY
KEY(学员编号) );
```

STEP 7　　单击快速访问工具栏上的 ▣ 按钮，打开【另存为】对话框，如图 4-96 所示。

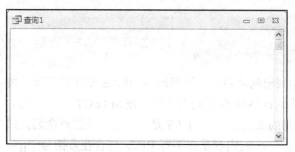

图4-95 数据定义查询视图窗口

图4-96 【另存为】对话框

STEP 8 在【另存为】对话框中，在【查询名称】文本框中输入"数据定义查询"，单击 确定 按钮即可。

STEP 9 单击【设计】选项卡上【结果】组的 （运行）按钮，创建一个"优秀学员"表，该表的设计视图如图4-97所示。

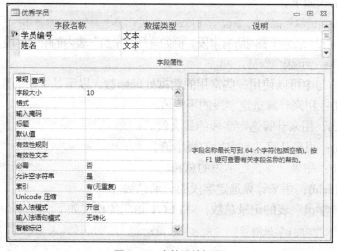

图4-97 表的设计视图

知识提示 在运行数据定义查询之前，要先启用数据库。

【知识链接】

数据定义查询是一种特殊类型的查询，它不处理数据，只创建、删除或修改其他数据库对象。

CREATE TABLE 语句用来创建新表。CREATE TABLE 语句的一般格式为

```
CREATE   TABLE   table (field1 type [(size)] [, field2 type
[(size)]])
```

其中，各参数的说明如下。

● table：要创建的数据表名称。

● field1、field2：要在新表中创建的字段名称。

● type：新表中的数据类型。

● size：字段的大小。

ALTER TABLE 语句用来修改表的结构。ALTER TABLE 语句的一般格式为

```
ALTER TABLE table ADD COLUMN field type[(size)]
ALTER TABLE table ALTER COLUMN field type[(size)]
ALTER TABLE table DROP COLUMN field
```

其中，各参数的说明如下。

- 使用 ADD COLUMN 向表中添加新字段。需要指定字段名称、数据类型和字段的大小。
- 使用 ALTER COLUMN 更改现有字段的数据类型。
- 使用 DROP COLUMN 删除字段。只需指定字段的名称。

DROP TABLE 语句用于从数据库中删除现有的表。DROP TABLE 语句的一般格式为

```
DROP TABLE table
```

传递查询直接将命令发送到 ODBC 服务器数据库中，如 Microsoft SQL Sever、Microsoft FoxPro 等，使用服务器能接受的命令。使用传递查询，不必链接到服务器上的表，就可以直接使用相应的表。例如，用户可以使用传递查询来检索记录、更改数据等。

传递查询被直接传递到远程数据库服务器，并由该服务器执行处理，然后将结果传递回 Access。

实训一　使用设计视图创建查询

图书借阅管理系统的查询可以分为图书信息的查询、读者信息的查询、读者借书情况的查询等。在实际工作中，查询远不止这些，还可以查询特定图书和特定读者、查询超过借阅期限而未归还的读者及图书、查询各单位已借图书册数、查询借阅率高的图书等。

（一）　创建图书信息的查询

在"图书借阅管理系统"数据库中，使用查询设计视图创建图书信息的查询。

【操作步骤】

STEP 1　　打开"图书借阅管理系统"数据库。

STEP 2　　单击【创建】选项卡上【查询】组的 （查询设计）按钮，打开查询设计视图和【显示表】对话框。

STEP 3　　在【显示表】对话框中，选择【图书】表，将选择的表添加到查询设计视图，关闭【显示表】对话框，选择的表显示在查询设计视图中。

STEP 4　　在查询设计视图中，直接双击【图书】表中【图书编号】、【图书名称】、【作者】、【出版社】、【出版日期】、【页数】和【价格】字段，将这些字段添加到设计视图。

STEP 5　　单击快速访问工具栏上的 按钮，打开【另存为】对话框。

STEP 6　　在【另存为】对话框的【查询名称】文本框中输入"图书信息查询"，单击 确定 按钮即可。

（二）　创建读者信息的查询

在"图书借阅管理系统"数据库中，使用查询设计视图创建读者信息的查询。创建读者信息的查询与创建图书信息的查询的方法基本一致。

【操作步骤】

STEP 1 打开"图书借阅管理系统"数据库。

STEP 2 单击【创建】选项卡上【查询】组的 ⬛（查询设计）按钮，打开查询设计视图和【显示表】对话框。

STEP 3 在【显示表】对话框中，选择【读者】表添加到查询设计视图，关闭【显示表】对话框，选择的表显示在查询设计视图中。

STEP 4 在查询设计视图中，直接双击【读者】表中【读者编号】、【姓名】、【性别】、【单位】和【已借册数】字段，将这些字段添加到设计视图。

STEP 5 单击快速访问工具栏上的 ■ 按钮，打开【另存为】对话框。

STEP 6 在【另存为】对话框的【查询名称】文本框中输入"读者信息查询"，单击 确定 按钮即可。

实训二　创建汇总查询

在"图书借阅管理系统"数据库中，以"单位"分组，统计各单位借书的总册数。

【操作步骤】

STEP 1 打开"图书借阅管理系统"数据库。

STEP 2 单击【创建】选项卡上【查询】组的 ⬛（查询设计）按钮，打开查询设计视图和【显示表】对话框。

STEP 3 在【显示表】对话框中，将【学员】和【成绩】表添加到查询设计视图，关闭【显示表】对话框，选择的表显示在查询设计视图中。

STEP 4 单击【设计】选项卡上【显示/隐藏】组的 ∑（汇总）按钮，则在查询设计视图中添加【总计】栏。

STEP 5 在查询设计视图窗口中，双击【读者】表的【单位】和【已借册数】字段，将这些字段添加到查询设计视图中。在【单位】列的【总计】栏中选择【Group By】选项，在【单位】列的【排序】栏中选择【升序】选项。在【已借册数】列的【总计】栏中选择【总计】选项，在【已借册数】列的【字段】单元格中，在"已借册数"前面输入"总册数:"作为字段名称，如图 4-98 所示。

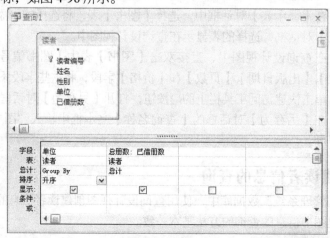

图4-98 设置查询条件

STEP 6　　　单击快速访问工具栏上的 ■ 按钮，打开【另存为】对话框。

STEP 7　　　在【另存为】对话框中的【查询名称】文本框中输入"统计各单位的借书总数"，单击 确定 按钮即可。

STEP 8　　　直接双击导航窗格【查询】对象组的【统计各单位的借书总数】查询，或者在查询设计视图中单击【设计】选项卡上【结果】组的 ▦ （视图）按钮或 ❗（运行）按钮，运行结果如图 4-99 所示。

图4-99　运行结果

项目小结

- 查询与表不同，查询所存放的是如何取得数据的方法和定义，因此说查询是操作的集合，是动态数据的集合，相当于程序。
- 使用向导创建的查询，不能通过设置条件来限制检索的记录，但可以在查询设计视图中进行修改和完善。使用设计视图可以创建多种结构复杂、功能完善的查询。
- 交叉表查询将大量的数据以更直观的形式显示出来，通常以表格的形式实现分组求和的问题。
- 参数查询提供了一种灵活的交互式查询，如果查询条件不固定，使用参数查询将非常方便。
- 使用操作查询只需要进行一次操作就可以对表中的记录进行修改或删除，维护数据非常方便。
- SQL 语言是关系型数据库管理系统的标准语言，它的主要功能是同各种数据库联系，以达到操纵数据库数据的目的。SQL 查询必须在 SQL 视图中创建 SQL 语句。

思考与练习

一、简答题

1. 使用参数查询有什么好处？
2. 交叉表查询的作用是什么？
3. 操作查询的功能是什么？

二、上机练习

1. 在"仓库管理系统"数据库中，使用向导和设计视图创建选择查询，查询出"商品名称""价格""出厂日期""入库日期"和"仓库名称"字段。

2. 在"仓库管理系统"数据库中，创建参数查询，按"产地"字段查询出商品信息。

3. 在"仓库管理系统"数据库中，以"商品"表为数据源，使用设计视图创建交叉表查询，查询出"商品名称""产地"和"价格"。

4. 在"仓库管理系统"数据库中，汇总每种商品的入库价格。

项目五
窗体的创建与设计

窗体是 Access 用来和用户进行交互的主要数据库对象。可以将窗体视作窗口，通过窗体查看和访问数据库。美观的窗体可以增加使用数据库时的乐趣和效率，有效的窗体有助于避免错误数据的输入，便于人们使用。事实上，在 Access 应用程序中，所有操作都是在窗体这个界面上完成的。通过窗体可以向表中输入数据、编辑数据，能够查询、排序、筛选和显示数据，可以接收用户的输入并执行相应的操作等。

课堂案例展示

在"驾校学员管理系统"数据库中，可以使用向导来创建窗体，如使用分割窗体工具创建的窗体（如图 5-1 所示）。如果创建的窗体不符合要求，可以使用设计视图来创建或设计窗体。创建一个数据交互式窗体，通过查询姓名显示该学员的基本信息，如图 5-2 所示。设计一个学员信息的窗体，在选项卡式窗体上显示报名日期和单位信息，如图 5-3 所示。创建一个显示科目信息的窗体，该窗体包含子窗体，用来显示该科目的成绩信息，如图 5-4 所示。

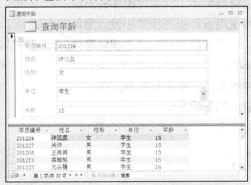

图5-1 使用分割窗体工具创建的窗体

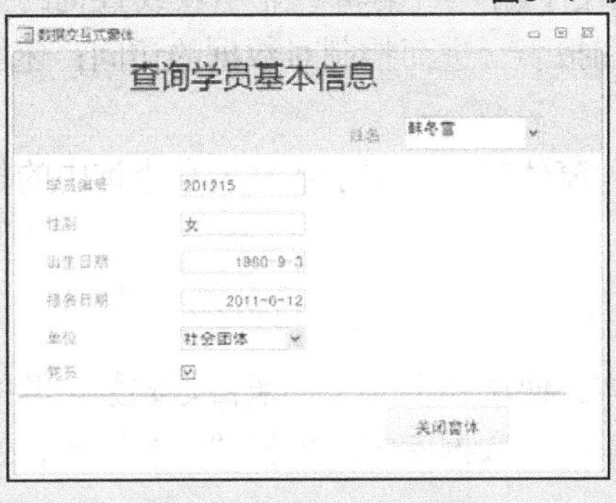

图5-2 数据交互式窗体

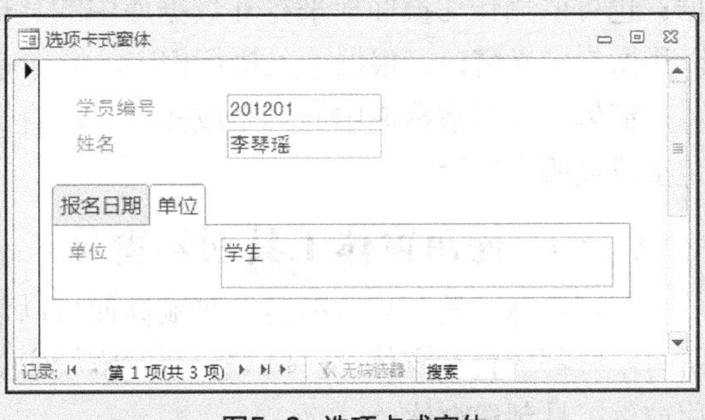

图5-3 选项卡式窗体

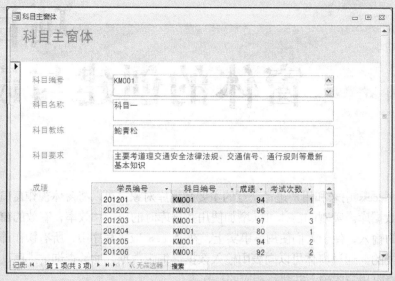

图5-4 带有子窗体的窗体视图

知识技能目标

- 掌握使用窗体工具创建窗体的方法。
- 掌握使用分割窗体工具创建窗体的方法。
- 掌握使用多项目工具创建窗体的方法。
- 掌握使用窗体向导创建窗体的方法。
- 掌握使用空白窗体工具创建窗体的方法。
- 熟练掌握使用设计视图创建和设计窗体的方法。
- 了解数据透视表窗体和数据透视图窗体的创建方法。
- 掌握窗体的格式与属性设置的方法。
- 掌握控件的功能、使用及编辑方法。
- 掌握子窗体的创建方法。

任务一 创建窗体

　　窗体用于为数据库应用程序创建用户界面，可以用于输入、编辑、显示表或查询的数据；也可以用作切换面板来打开数据库中的其他窗体和报表，进而控制对数据的访问；还可以用做自定义窗口，根据输入执行相应的操作等。

　　窗体一般与数据库中的一个或多个表和查询绑定，窗体的记录源于数据表和查询中的指定字段或所有字段。

（一）使用窗体工具创建窗体

　　利用窗体工具，只需单击一次鼠标便可以创建窗体。使用此工具时，来自基础数据源的所有字段都放置在窗体上。例如，在"驾校学员管理系统"数据库中，根据"学员"表，使用窗体工具创建窗体。

【操作步骤】

STEP 1　启动 Access 2010。

STEP 2　打开"驾校学员管理系统"数据库。

STEP 3　在导航窗格中选择要显示在窗体上的表或查询，选择【学员】表。

 知识提示　也可以在导航窗格中打开数据表视图的表或查询。

STEP 4　单击【创建】选项卡上【窗体】组的 （窗体）按钮，打开该窗体的布局视图，如图 5-5 所示。

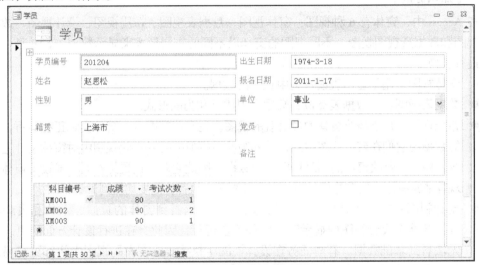

图5-5　布局视图

STEP 5　单击快速访问工具栏上的 按钮，打开【另存为】对话框，如图 5-6 所示。

STEP 6　在【另存为】对话框的【窗体名称】文本框中输入"学员(窗体工具)"，单击 确定 按钮即可。

STEP 7　此时，在导航窗格中显示创建的【学员(窗体工具)】窗体，如图 5-7 所示。

图5-6　【另存为】对话框

图5-7　导航窗格

如果 Access 发现某个表与用于创建窗体的表或查询具有一对多关系，Access 将向基于相关表或相关查询的窗体中添加一个数据表。例如，创建一个基于【学员】表的简单窗体，并且【学员】表与【成绩】表之间定义了一对多关系，则数据表将显示【成绩】表中与当前【学员】表中记录有关的所有记录。如果确定不需要该数据表，可以将其从窗体中删除。如果有多个表与用于创建窗体的表具有一对多关系，Access 将不会向该窗体中添加任何数据表。

利用窗体工具创建窗体时，也可以在布局视图或设计视图中修改该窗体以便更好地满足需要。

【知识链接】

在 Access 中，窗体有 6 种视图：窗体视图、数据表视图、布局视图、设计视图、数据透视表视图和数据透视图视图。不同视图的窗体以不同的布局形式来显示数据源，并且可以灵活地进行切换。

- 窗体视图：用于显示表或查询中记录的数据。
- 数据表视图：与数据表类似，数据排列成行和列的形式。
- 布局视图：用于修改窗体的最直观的视图。在布局视图中，窗体实际正在运行，看到的数据与它们在窗体视图中的显示外观非常相似。可以在此视图中对窗体设计进行更改，由于在修改窗体的同时可以看到数据，因此它对于设置控件大小或设置窗体的外观等非常有用。但有些任务不能在布局视图中执行，需要切换到设计视图执行。
- 设计视图：提供了详细窗体结构的视图。可以看到窗体的页眉、主体和页脚等部分。窗体在设计视图中显示时实际并不在运行，因此，在进行设计方面的更改时，无法看到基础数据。有些任务在设计视图中执行要比在布局视图中执行更容易。例如，向窗体添加更多类型的控件，在文本框中编辑文本框控件来源，调整窗体页眉或主体节的大小，更改某些无法在布局视图中更改的窗体属性等。
- 数据透视表视图：用于汇总和分析数据表或查询中的数据，将字段值作为透视表的行或列。
- 数据透视图视图：用于显示数据表或查询中数据的图形分析，以更直观的图形方式来显示数据。

（二） 使用分割窗体工具创建窗体

使用分割窗体工具创建分割窗体，可以同时提供数据的两种视图：窗体视图和数据表视图。这两种视图连接到同一数据源，并且总是保持同步。如果在窗体的一个部分中选择了一个字段，则会在窗体的另一部分中选择相同的字段。可以在窗体任何一部分执行添加、编辑或删除数据等操作。

例如，在"驾校学员管理系统"数据库中，根据"查询年龄"查询，使用分割窗体工具创建分割窗体。

【操作步骤】

STEP 1 启动 Access 2010。

STEP 2 打开"驾校学员管理系统"数据库。

STEP 3 在导航窗格中选择【查询年龄】查询或打开该查询的数据表视图。

STEP 4　单击【创建】选项卡上【窗体】组的 （其他窗体）按钮，打开下拉菜单，如图 5-8 所示。

STEP 5　在下拉菜单中，选择 （分割窗体）命令，打开该窗体的布局视图，如图 5-9 所示。

图5-8　下拉菜单

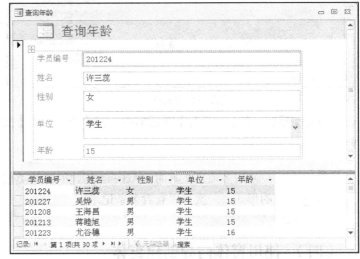

图5-9　布局视图

STEP 6　单击快速访问工具栏上的 按钮，打开【另存为】对话框，如图 5-10 所示。

STEP 7　在【另存为】对话框的【窗体名称】文本框中输入"查询年龄(分割窗体)"，单击 确定 按钮即可。

图5-10　【另存为】对话框

（三）　使用多项目工具创建窗体

使用窗体工具创建的窗体，一次只显示一条记录。如果需要一个一次可显示多条记录的窗体，可以使用多项目工具进行创建。

例如，在"驾校学员管理系统"数据库中，根据"科目"表，使用多项目工具创建显示多条记录的窗体。

【操作步骤】

STEP 1　启动 Access 2010。

STEP 2　打开"驾校学员管理系统"数据库。

STEP 3　在导航窗格中选择【科目】表或打开该表的数据表视图。

STEP 4　单击【创建】选项卡上【窗体】组的 （其他窗体）按钮，打开下拉菜单。

STEP 5　在下拉菜单中，选择 （多个项目）命令，打开该窗体的布局视图，如图 5-11 所示。

STEP 6　单击快速访问工具栏上的 按钮，打开【另存为】对话框，如图 5-12 所示。

图5-11 布局视图　　　　　　　　　　　　　　　　图5-12 【另存为】对话框

STEP 7　　在【另存为】对话框中，在【窗体名称】文本框中输入"科目(多项目)"，单击 [确定] 按钮即可。

　　　　使用多项目工具时，Access 创建的窗体类似于数据表。数据排列成行和列的形式，一次可以查看多条记录。

（四） 使用窗体向导创建窗体

　　如果想更好地选择哪些字段显示在窗体上，可以使用窗体向导来创建窗体。使用窗体向导还可以指定数据的组合和排序方式，如果创建了表与查询之间的关系，还可以使用来自多个表或查询的字段。

　　例如，在"驾校学员管理系统"数据库中，显示每名学员的基本信息，使用窗体向导创建窗体。

【操作步骤】

STEP 1　　启动 Access 2010。

STEP 2　　打开"驾校学员管理系统"数据库。

STEP 3　　单击【创建】选项卡上【窗体】组的 [窗体向导]（窗体向导）按钮，出现【窗体向导】对话框（选择字段），如图 5-13 所示。

STEP 4　　在【窗体向导】对话框（选择字段）中，在【表/查询】下拉列表框中选择【学员】表，单击 [>>] 按钮，将所有的可用字段都添加到【选定字段】列表框中，然后单击 [下一步(N) >] 按钮，出现【窗体向导】对话框（确定窗体的布局），如图 5-14 所示。

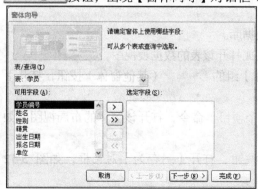

图5-13 【窗体向导】对话框（选择字段）

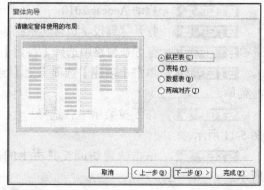

图5-14 【窗体向导】对话框（确定窗体的布局）

如果要在窗体上显示多个表和查询中的字段，可在【窗体向导】对话框（选择字段）的【表/查询】下拉列表框中多次选择表或查询，选择需要的字段即可。

STEP 5 在【窗体向导】对话框（确定窗体的布局）中，选择窗体使用的布局，选择【纵栏表】单选按钮，然后单击 下一步(N) > 按钮，出现【窗体向导】对话框（指定标题），如图 5-15 所示。

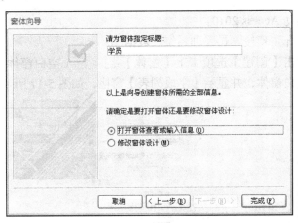

图5-15 【窗体向导】对话框（指定标题）

STEP 6 在【窗体向导】对话框（指定标题）中，在【请为窗体指定标题】文本框中输入"学员基本信息"，选择【打开窗体查看或输入信息】单选按钮，然后单击 完成(F) 按钮，打开窗体视图，如图 5-16 所示。

学员基本信息	
学员编号	201204
姓名	赵思松
性别	男
籍贯	上海市
出生日期	1974-3-18
报名日期	2011-1-17
单位	事业
党员	☐
备注	

记录: I◀ 第1项(共30项) ▶ ▶I ◀ 无筛选器 搜索

图5-16 窗体视图

课堂练习 在"驾校学员管理系统"数据库中，以"成绩"表为数据源，使用窗体向导创建窗体，显示该表中的记录。

（五）　使用空白窗体工具创建窗体

如果使用工具或使用窗体向导创建的窗体不能满足要求，可以使用空白窗体工具创建窗体。当只在窗体上放置很少的几个字段时，用这种创建方式将非常快捷。

例如，在"驾校学员管理系统"数据库中，使用空白窗体工具创建窗体，显示每名学员的课程成绩。

【操作步骤】

STEP 1　　启动 Access 2010。

STEP 2　　打开"驾校学员管理系统"数据库。

STEP 3　　单击【创建】选项卡上【窗体】组的 ▢（空白窗体）按钮，Access 在布局视图中打开一个空白窗体，并显示【字段列表】窗格，如图 5-17 所示。

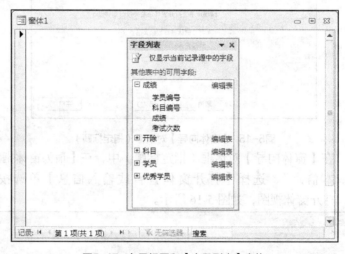

图5-17　布局视图和【字段列表】窗格

STEP 4　　在【字段列表】窗格中，单击【成绩】表前面的+图标，展开【成绩】表的所有字段，双击【学员编号】字段，将该字段添加到空白窗体中；同样地，将【科目编号】、【成绩】和【考试次数】字段添加到空白窗体中。

STEP 5　　单击【字段列表】窗格右上角的 ⊠ 按钮，关闭【字段列表】窗格，此时在空白窗体上显示所添加的字段，如图 5-18 所示。

STEP 6　　单击快速访问工具栏上的 🖫 按钮，打开【另存为】对话框，如图 5-19 所示。

图5-18　布局视图

图5-19　【另存为】对话框

STEP 7　　在【另存为】对话框的【窗体名称】文本框中输入"成绩(空白窗体)"，单击 确定 按钮即可。

（六） 创建数据透视表窗体

数据透视表以行和列的方式显示、隐藏明细数据或汇总数据，具有数据分析的功能。例如，在"驾校学员管理系统"数据库中显示每名学员的成绩信息，创建数据透视表窗体。

【操作步骤】

STEP 1 启动 Access 2010。

STEP 2 打开"驾校学员管理系统"数据库。

STEP 3 在导航窗格中选择【成绩】表或打开该表的数据表视图。

STEP 4 单击【创建】选项卡上【窗体】组的 其他窗体 ▾（其他窗体）按钮，打开下拉菜单。

STEP 5 在下拉菜单中，选择 （数据透视表）命令，打开数据透视表视图和【数据透视表字段列表】窗格，如图 5-20 所示。

图5-20 数据透视表视图和【数据透视表字段列表】窗格

　　打开数据透视表视图时，在功能区上显示【设计】选项卡。

STEP 6 在【数据透视表字段列表】窗格中，将【学员编号】字段拖曳到数据透视表视图的"将行字段拖至此处"单元格，然后释放鼠标，系统将以【学员编号】字段值作为透视表的行字段。同样地，将【科目编号】字段拖曳到数据透视表视图的"将列字段拖至此处"单元格，将【成绩】字段拖曳到数据透视表视图的"将汇总或明细字段拖至此处"单元格。

STEP 7 单击【数据透视表字段列表】窗格右上角的 按钮，关闭【数据透视表字段列表】窗格。此时，数据透视表窗体的效果如图 5-21 所示。

　　系统为数据透视表窗体自动生成【总计】字段，在该字段中为生成的行或列做相应的统计计算；还可以在数据透视表顶部的"将筛选字段拖至此处"单元格添加筛选字段。若要再次显示【数据透视表字段列表】窗格，单击【设计】选项卡上【显示/隐藏】组的 （字段列表）按钮即可。

STEP 8 单击快速访问工具栏上的 ■ 按钮，打开【另存为】对话框，如图 5-22 所示。

图5-21 数据透视表视图　　　　　　　　　图5-22 【另存为】对话框

STEP 9 在【另存为】对话框的【窗体名称】文本框中输入"数据透视表"，单击 确定 按钮即可。

（七） 创建数据透视图窗体

数据透视图窗体以更直观的图形方式显示数据。例如，在"驾校学员管理系统"数据库中显示每名学员的成绩信息。

【操作步骤】

STEP 1 启动 Access 2010。

STEP 2 打开"驾校学员管理系统"数据库。

STEP 3 在导航窗格中选择【成绩】表或打开该表的数据表视图。

STEP 4 单击【创建】选项卡上【窗体】组的 ▣其他窗体▾ （其他窗体）按钮，打开下拉菜单。

STEP 5 在下拉菜单中，选择 ▣ （数据透视图）命令，打开数据透视图视图和【图表字段列表】窗格，如图 5-23 所示。

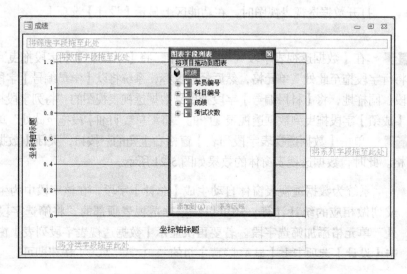

图5-23 数据透视图视图和【图表字段列表】窗格

STEP 6　　在【图表字段列表】窗格中，将【学员编号】字段拖曳到数据透视图视图的"将系列字段拖至此处"单元格，然后释放鼠标。同样地，将【科目编号】字段拖曳到数据透视图视图的"将分类字段拖至此处"单元格，将【成绩】字段拖曳到数据透视图视图的"将数据字段拖至此处"单元格。

STEP 7　　单击【图表字段列表】窗格右上角的 按钮，关闭【图表字段列表】窗格。此时，数据透视图窗体的效果如图 5-24 所示。

> **知识提示**　　在数据透视图视图中，单击【学员编号】和【科目编号】下拉列表框可以选择需要显示的学员和科目成绩。柱状图的高度代表科目成绩的高低，不同的学员使用不同的颜色。

STEP 8　　单击快速访问工具栏上的 按钮，打开【另存为】对话框，如图 5-25 所示。

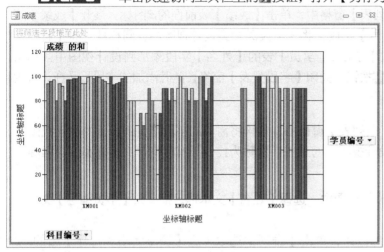

图5-24　数据透视图视图

图5-25　【另存为】对话框

STEP 9　　在【另存为】对话框的【窗体名称】文本框中输入"数据透视图"，单击 确定 按钮即可。

（八）　使用设计视图创建窗体

Access 不仅提供了工具或向导创建窗体，还提供了设计视图创建窗体。使用窗体的设计视图不但能够创建窗体，而且能够修改窗体，在设计视图中可以设计出灵活复杂的窗体。无论使用哪种方法创建窗体，如果创建的窗体不符合要求，都可以在设计视图中进行修改和完善。

使用窗体的设计视图可以创建出各种符合用户要求的窗体。例如，在"驾校学员管理系统"数据库中，使用窗体设计视图创建窗体，显示每名学员的科目成绩。

【操作步骤】

STEP 1　　启动 Access 2010。

STEP 2　　打开"驾校学员管理系统"数据库。

STEP 3　　单击【创建】选项卡上【窗体】组的 （窗体设计）按钮，打开窗体的设计视图，如图 5-26 所示。

STEP 4　　在窗体的设计视图中，单击【设计】选项卡上【工具】组的 （添加现有字段）按钮，打开【字段列表】窗格，如图 5-27 所示。

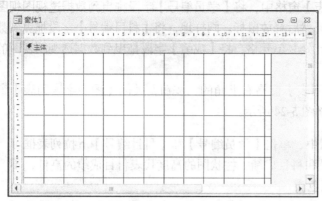

图5-26 窗体的设计视图　　　　　　　　　　　　　　**图5-27 【字段列表】窗格**

STEP 5　　在【字段列表】窗格中，单击【成绩】表前面的田图标，展开【成绩】表的所有字段。双击【学员编号】字段，将该字段添加到设计视图中，同样地，将【科目编号】、【成绩】和【考试次数】字段、【学员】表的【姓名】字段添加到设计视图中。单击【字段列表】窗格右上角的✕按钮，关闭【字段列表】窗格，此时添加的字段显示在设计视图中，如图5-28所示。

> **知识提示**　　可以在【字段列表】窗格中，直接将需要的字段拖曳到窗体的设计视图中。被添加到设计视图中的这些字段称为控件，有标签、文本框和组合框等控件。

STEP 6　　在窗体的设计视图中，选择【姓名】文本框，拖曳到【学员编号】文本框的下方。

STEP 7　　选择所有的控件，单击【排列】选项卡上【调整大小和排序】组的 ⊞（大小/空格）按钮，打开下拉菜单，如图5-29所示。

图5-28 在设计视图中添加字段　　　　　　　　　　　**图5-29 下拉菜单**

STEP 8 在下拉菜单中，选择【垂直相等】命令，使选择的控件垂直间距相等。

STEP 9 选择左边的 5 个标签控件，单击【排列】选项卡上【调整大小和排序】组的 （对齐）按钮，打开下拉菜单，如图 5-30 所示。

STEP 10 在下拉菜单中，选择【靠左】命令，使选择的控件靠左对齐。

STEP 11 选择右边的 5 个控件，单击【排列】选项卡上【调整大小和排序】组的 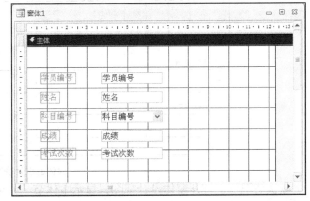（对齐）按钮，在打开的下拉菜单中选择【靠右】命令，使选择的控件靠右对齐，如图 5-31 所示。

图5-30 下拉菜单

图5-31 在设计视图中对齐控件

STEP 12 单击快速访问工具栏上的 ■ 按钮，打开【另存为】对话框，如图 5-32 所示。

STEP 13 在【另存为】对话框的【窗体名称】文本框中输入"成绩(设计视图)"，单击 确定 按钮即可。

STEP 14 单击【设计】选项卡上【视图】组的 ■（视图）按钮，打开该窗体的窗体视图，如图 5-33 所示。

图5-32 【另存为】对话框

图5-33 窗体视图

【知识链接】

在窗体的设计视图中，设计视图有不同的组成部分，每个组成部分有不同的功能。在设计视图中添加控件后，就可以对控件进行编辑，如选择控件、移动控件、调整控件的大小、对齐与间距等。

（1）窗体的节。

使用设计视图创建的窗体，往往只包含"主体"部分，称为主体节。窗体可以包含"窗体页眉""窗体页脚""页面页眉"和"页面页脚"部分，如图 5-34 所示。

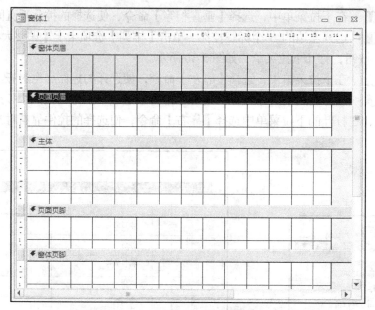

图5-34 窗体的设计视图

默认情况下，打开窗体设计视图只显示主体节。如果需要显示其他节，用鼠标右键单击主体节，在弹出的快捷菜单中选择【窗体页眉/页脚】命令，添加"窗体页眉"和"窗体页脚"。用鼠标右键单击主体节，在弹出的快捷菜单中选择【页面页眉/页脚】命令，添加"页面页眉"和"页面页脚"。如果要取消显示，再次执行同样的操作即可。窗体中各节的功能如下。

● 窗体页眉：位于窗体的顶部，显示对每条记录都一样的信息。例如，将窗体的标题、使用说明或执行其他任务的命令按钮等放在此处。当打印窗体时，位于窗体页眉中的数据打印在第一页的首部。

● 页面页眉：用来设置窗体在打印时的页面头部信息，如标题、徽标等。页面页眉中的数据在屏幕上并不会显示出来，只有打印窗体时，位于页面页眉中的数据才会被打印。第一打印页的顶端先显示窗体页眉中的数据，紧接着其下方显示页面页眉中的数据，而第二打印页及之后的每一页的顶端只显示页面页眉中的数据。

● 主体：是窗体的核心部分，主要用来显示记录数据。可以在屏幕上显示一条记录，也可以显示多条记录。

● 页面页脚：用来设置窗体在打印时显示在每一页底部的信息，如日期、页码等。

● 窗体页脚：位于窗体的底部，显示对每条记录都一样的信息。例如，将统计结果或命令按钮等放在此处。当打印窗体时，位于窗体页脚中的数据打印在最后一页主体中最后一条记录的后面。

（2）控件的选择。

在窗体的设计视图中，可以选择一个控件，也可以同时选择多个控件。

要选择一个控件时，单击该控件即可。要选择多个控件，则按住 Shift 键不放，依次单击要选择的控件。

（3）控件的移动。

控件可以使用键盘来移动，也可以使用鼠标来移动。

使用键盘来移动控件的方法是选择控件，然后使用键盘上的方向键即可。

使用鼠标来移动控件的方法是选择控件，将鼠标指针放置在控件上，当鼠标指针变成 ✛ 形状时，按住鼠标左键不放并拖曳鼠标，即可移动控件。

（4）控件的删除。

删除控件的方法是选择控件，直接按 $\boxed{\text{Delete}}$ 键即可，或者单击鼠标右键，在弹出的快捷菜单中选择【删除】命令。

（5）控件大小的调整。

调整控件大小的方法是选择控件，则在控件的四周出现调整点，将鼠标指针放置在这些调整点上，当鼠标指针变成 ↔、↕、或 ↖ 形状时，按住鼠标左键不放并拖曳鼠标，即可调整控件的大小。

系统还提供了另外一种调整多个控件大小的方法，打开【排列】选项卡上【调整大小和排序】组的 （大小/空格）按钮的下拉菜单，通过下拉菜单【大小】组的命令设置，各命令的功能如下。

● 【至最高】命令：单击该按钮将选择的多个控件的高度统一调整到最高控件的高度。
● 【至最短】命令：单击该按钮将选择的多个控件的高度统一调整到最矮控件的高度。
● 【至最宽】命令：单击该按钮将选择的多个控件的宽度统一调整到最宽控件的宽度。
● 【至最窄】命令：单击该按钮将选择的多个控件的宽度统一调整到最窄控件的宽度。

调整控件的大小也可以使用快捷菜单。选择多个控件，单击鼠标右键，在弹出的快捷菜单中单击【大小】选项，在下一级菜单中选择需要的命令即可。

（6）控件的对齐。

控件的对齐方式可以通过打开【排列】选项卡上【调整大小和排序】组的 （对齐）按钮的下拉菜单设置，各命令的功能如下。

● 【靠上】命令：单击该按钮将选择的多个控件靠上对齐。
● 【靠下】命令：单击该按钮将选择的多个控件靠下对齐。
● 【靠左】命令：单击该按钮将选择的多个控件靠左对齐。
● 【靠右】命令：单击该按钮将选择的多个控件靠右对齐。

控件的对齐也可以使用快捷菜单。选择要对齐的控件，单击鼠标右键，在弹出的快捷菜单中单击【对齐】选项，在下一级菜单中选择需要的命令即可。

（7）控件间距的调整。

要调整控件的间距可以打开【排列】选项卡上【调整大小和排序】组的 （大小/空格）按钮的下拉菜单，通过下拉菜单【间距】组的命令，各命令的功能如下。

● 【水平相等】命令：单击该按钮，选择的多个控件水平间距相等。
● 【水平增加】命令：单击该按钮，选择的多个控件水平间距增加。
● 【水平减少】命令：单击该按钮，选择的多个控件水平间距减少。
● 【垂直相等】命令：单击该按钮，选择的多个控件垂直间距相等。
● 【垂直增加】命令：单击该按钮，选择的多个控件垂直间距增加。
● 【垂直减少】命令：单击该按钮，选择的多个控件垂直间距减少。

课堂练习

在"驾校学员管理系统"数据库中，以"学员"表为数据源，使用设计视图创建窗体。

任务二　设置窗体的格式与属性

为了使窗体界面更加美观、大方，方便操作数据库，可以设置窗体的格式与属性。

（一）　设置窗体的格式

窗体的格式主要包括字体、字号、字形、字体颜色、对齐方式、格式刷、填充/背景色等。这些设置主要通过【格式】选项卡上【字体】组的命令按钮，如图 5-35 所示；也可以通过【开始】选项卡上【字体】组的命令按钮来设置窗体的格式。

图5-35　【设计】选项卡上的【字体】组

设置窗体的格式，例如，在"驾校学员管理系统"数据库中，设置【成绩(设计视图)】窗体的格式。

【操作步骤】

STEP 1　启动 Access 2010。

STEP 2　打开"驾校学员管理系统"数据库。

STEP 3　在导航窗格中，右键单击【成绩(设计视图)】窗体，在弹出的快捷菜单中选择【设计视图】选项，打开该窗体的设计视图，如图 5-36 所示。

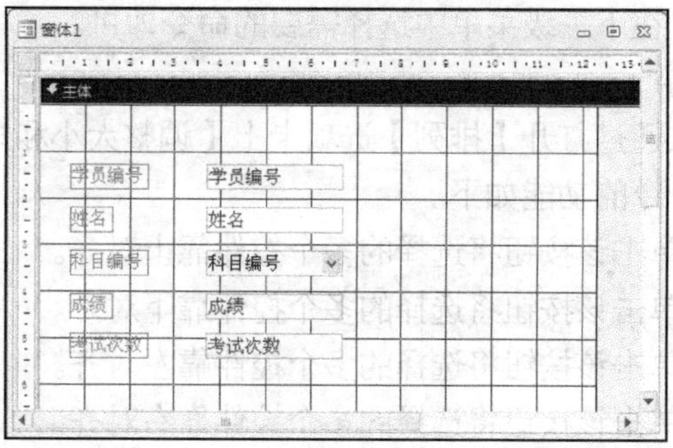

图5-36　窗体的设计视图

STEP 4　在窗体的设计视图中，选择左边的 5 个标签控件，在【格式】选项卡上【字体】组的字体 宋体(主体) 下拉列表框中选择【隶书】字体，在字号 11 下拉列表框中选择【12】字号，单击 B 按钮加粗字体，单击 ≡ 按钮左对齐。

STEP 5　在窗体的设计视图中，选择主体中右边的 5 个控件，设置字体为"宋体"，字号为"12"，居中对齐方式，字体为蓝色，如图 5-37 所示。

图5-37　设置窗体的格式

STEP 6 单击【文件】选项卡上的【对象另存为】命令，打开【另存为】对话框，如图 5-38 所示。

STEP 7 在【另存为】对话框的【将"成绩(设计视图)"另存为】文本框中输入"成绩(设计视图_格式)"，单击 确定 按钮，保存窗体。

STEP 8 单击【设计】选项卡上【视图】组中的 （视图）按钮，打开该窗体的窗体视图，如图 5-39 所示。

图5-38 【另存为】对话框

图5-39 窗体视图

（二） 设置窗体的属性

窗体及窗体上的控件都具有一系列的属性，包括它们的大小、位置、外观以及要表示的数据等。例如，在"驾校学员管理系统"数据库中，设置【成绩(设计视图_格式)】窗体的属性。

【操作步骤】

STEP 1 启动 Access 2010。

STEP 2 打开"驾校学员管理系统"数据库。

STEP 3 在导航窗格中，右键单击【成绩(设计视图_格式)】窗体，在弹出的快捷菜单中选择【设计视图】选项，打开该窗体的设计视图，如图 5-40 所示。

STEP 4 单击【设计】选项卡上【工具】组中的 （属性表）按钮，打开窗体的【属性表】窗口，如图 5-41 所示。在【格式】选项卡上设置【记录选择器】为【否】选项，设置【滚动条】为【两者均无】选项，单击【属性表】窗口右上角的×按钮，关闭【属性表】窗口。

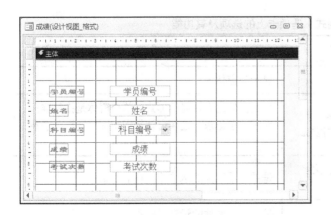

图5-40 窗体的设计视图

图5-41 【属性表】窗口

知识提示 在【属性表】窗口中，设置窗体的属性，必须在【所选内容的类型：】下拉列表框中选择【窗体】选项。

STEP 5 单击【文件】选项卡上【对象另存为】命令，打开【另存为】对话框，如图 5-42 所示。

STEP 6 在【另存为】对话框的【将"成绩(设计视图_格式)"另存为】文本框中输入"成绩(设计视图_属性)"，单击 确定 按钮，保存窗体。

STEP 7 单击【设计】选项卡上【视图】组中的 （视图）按钮，打开该窗体的窗体视图，如图 5-43 所示。

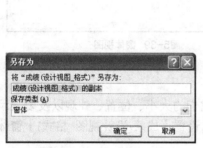

图5-42 【另存为】对话框

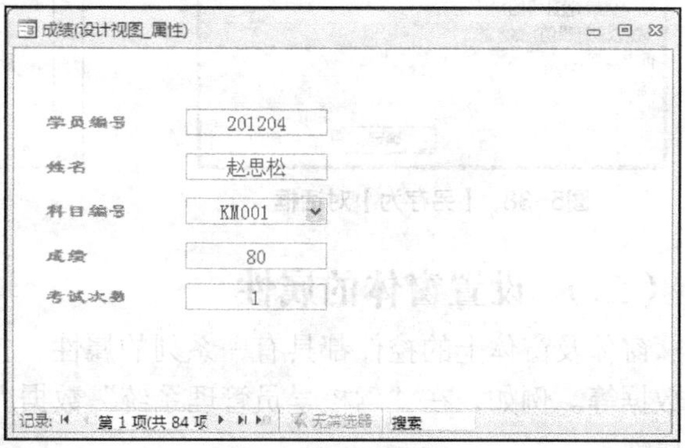

图5-43 窗体视图

【知识链接】

在窗体的设计视图中，单击【设计】选项卡上【工具】组中的 （属性表）按钮，或者右键单击设计视图，在弹出的快捷菜单中选择【属性】命令，打开【属性表】窗口，在【属性表】窗口中有 5 个选项卡：【格式】、【数据】、【事件】、【其他】和【全部】选项卡，其中【全部】选项卡包括了其他 4 个选项卡的全部内容。在这些选项卡上可以设置窗体的常用属性。

1．【格式】选项卡

【格式】选项卡的属性是窗体最常用到的属性之一，可以设置窗体的外观。【格式】选项卡上的选项及其功能如表 5-1 所示。

表 5-1 【格式】选项卡上的选项及其功能

选项	属性值	功能
标题	字符串	显示为窗体的标题
默认视图	单个窗体、连续窗体、数据表、数据透视表、数据透视图、分割窗体	决定窗体的默认显示形式，单个窗体是指每屏只显示一条记录，连续窗体是指每屏可以显示多条记录
滚动条	两者均无、只水平、只垂直、两者都有	是否显示窗体的水平或垂直滚动条
记录导航器	是/否	是否显示窗体的记录导航器

选项	属性值	功能
导航按钮	是/否	是否显示窗体的记录导航按钮
分隔线	是/否	是否显示窗体各个节间的分隔线
自动居中	是/否	决定窗体显示时是否在 Windows 窗口中自动居中
自动调整	是/否	决定是否根据窗体的大小自动调整窗口的尺寸
控制框	是/否	决定窗体显示时是否显示窗体的控制框，即窗体右上角的控制按钮
图片	字符串	用于设置窗体的背景图片
方向	从左到右、从右到左	决定窗体上内容的显示方式是"从左到右"还是"从右到左"
可移动的	是/否	决定窗体显示时是否可以移动窗体

2.　【数据】选项卡

　　【数据】选项卡的属性也是窗体最常用到的属性之一。在【数据】选项卡上的选项及其功能如表 5-2 所示。

表 5-2　【数据】选项卡上的选项及其功能

选项	属性值	功能
记录源	表或查询	指定窗体的数据源
筛选	表达式	从数据源筛选数据的条件
排序依据	表达式	决定数据的显示顺序
允许编辑	是/否	是否允许对数据源的记录进行编辑操作
允许删除	是/否	是否允许对数据源的记录进行删除操作
允许添加	是/否	是否允许对数据源的记录进行添加操作
数据输入	是/否	是否允许更新数据源中的数据
数据集类型	动态集、动态集（不一致的更新）、快照	是否允许编辑表以及绑定到它们字段的控件
记录锁定	不锁定、所有记录、已编辑的记录	决定记录的读取方式

3.　【事件】选项卡

　　【事件】选项卡，可以为一个对象所发生的事件指定命令，完成一个指定的任务。常用的设置有【更新前】、【更表后】和【双击】等属性，各属性的含义如下。

- 【更新前】属性：在离开一个修改了数据的控件时才发生事件。
- 【更表后】属性：在一个控件的值发生改变后才发生事件。
- 【双击】属性：在一个控件被鼠标双击后才发生事件。

4. 【其他】选项卡

【其他】选项卡，可以设置窗体的一些属性，如窗体的弹出方式、工具栏、快捷菜单、菜单栏、帮助上下文 ID 等属性。其中，【弹出方式】属性用来设置窗体是否一直显示在屏幕的最前面。

任务三　设计窗体

在多数情况下，使用向导创建的窗体并不能满足实际的需要，这时往往需要使用设计视图来设计窗体，或者将使用向导创建的窗体在设计视图中进行修改或完善。

掌握窗体控件的功能及控件属性的设置，就可以对窗体进行设计，使窗体界面更美观、方便，易于使用和管理数据库。

（一）　应用主题

在窗体的设计视图中可以应用主题，主题决定了窗体的视觉样式。主题是一套统一的配色方案，可以非常容易地创建设计精美、美观时尚的数据库系统。例如，在"驾校学员管理系统"数据库中，对【成绩(设计视图_属性)】窗体应用主题。

【操作步骤】

STEP 1　启动 Access 2010。

STEP 2　打开"驾校学员管理系统"数据库。

STEP 3　在导航窗格中，右键单击【成绩(设计视图_属性)】窗体，在弹出的快捷菜单中选择【设计视图】选项，打开该窗体的设计视图。

STEP 4　单击【设计】选项卡上【主题】组中的 （主题）按钮，打开下拉菜单，如图 5-44 所示。

> **知识提示**　【设计】选项卡上的【主题】组包含 3 个按钮，另外 2 个按钮是设置颜色和字体。

STEP 5　在下拉菜单中，列出了预定义好的主题，例如选择　图标，此时，窗体的设计视图如图 5-45 所示。

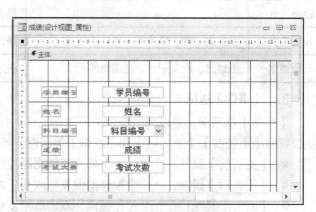

图5-44　下拉菜单　　　　　　　　图5-45　窗体的设计视图

STEP 6 单击【设计】选项卡上【视图】组中的 ▦（视图）按钮，打开该窗体的窗体视图，如图 5-46 所示。

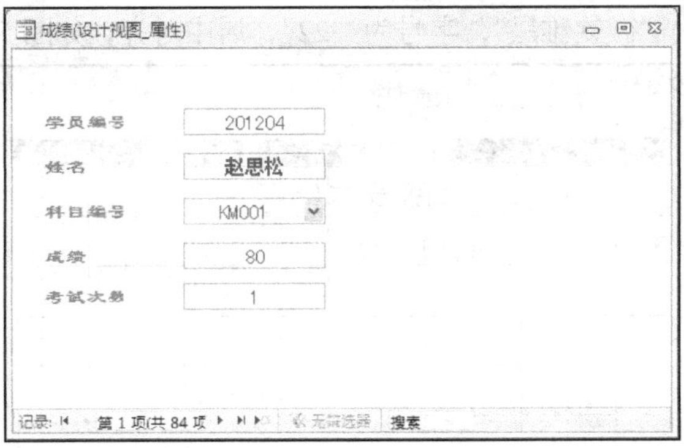

图5-46 窗体的窗体视图

（二） 创建数据交互式窗体

在窗体的设计视图中，可以添加各种控件来设计窗体，控件作为显示数据和执行操作的对象，可以用来查看和处理数据。根据数据来源及属性的不同，可以将控件分为 3 种类型：绑定型控件、未绑定型控件和计算型控件。

● 绑定型控件的数据源为表或查询中字段的控件，可用来输入、显示或更新数据库中字段的值，这些值可以是文本、日期、数字、是/否等。

● 未绑定型控件没有数据源，用来显示提示信息、直线、矩形或图片等。

● 计算型控件的数据源是表达式而不是字段的控件。表达式可以是运算符、控件名称、字段名称、返回单个值的函数及常量值的组合。

例如，在"驾校学员管理系统"数据库中，创建一个数据交互式窗体，该窗体基于"学员"表，通过查询姓名显示该学员的基本信息。该窗体由标签、文本框、组合框、复选框、命令按钮、直线等控件组成。

【操作步骤】

STEP 1 启动 Access 2010。

STEP 2 打开"驾校学员管理系统"数据库。

STEP 3 单击【创建】选项卡上【窗体】组的 ▦（窗体设计）按钮，打开窗体的设计视图，如图 5-47 所示。

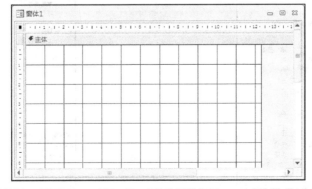

图5-47 窗体的设计视图

STEP 4 在窗体的设计视图中，单击【设计】选项卡上【页眉/页脚】组的 ⬚标题 （标题）按钮，系统将在窗体页眉节中添加新的标签控件，在标签上输入"查询学员基本信息"文本，设置字体为"微软雅黑"，字号为"22"，居中对齐，如图 5-48 所示。

图5-48 添加标题控件

> 🔒 **知识提示**　单击【设计】选项卡上【页眉/页脚】组的 ⬚徽标 （徽标）按钮，打开【插入图片】对话框，向窗体插入图片，用于具有公司徽标的个性化窗体，起到美化窗体的工具。

STEP 5 单击【设计】选项卡上【工具】组中的 🖼 （属性表）按钮，打开窗体的【属性表】窗口，如图 5-49 所示。

STEP 6 在【属性表】窗口中，在【格式】选项卡上设置【记录选择器】为【否】选项，设置【导航按钮】为【否】选项，设置【滚动条】为【两者均无】选项。在【数据】选项卡上设置【记录源】为【学员】选项，单击【属性表】窗口右上角的 ✕ 按钮，关闭【属性表】窗口。

STEP 7 在窗体的设计视图中，单击【设计】选项卡上【工具】组的 ⬚ （添加现有字段）按钮，打开【字段列表】窗格，如图 5-50 所示。

图5-49 【属性表】窗口　　　　　　　　　　图5-50 【字段列表】窗格

STEP 8 在【字段列表】窗格中，单击【学员】表前面的⊞图标，展开【学员】表的所有字段。双击【学员编号】字段，将该字段添加到设计视图中；同样地，将【性别】、【籍贯】、【出生日期】、【报名日期】、【单位】和【党员】字段添加到设计视图中。单击【字段列表】窗格右上角的×按钮，关闭【字段列表】窗格，此时添加的字段显示在设计视图中，如图 5-51 所示。

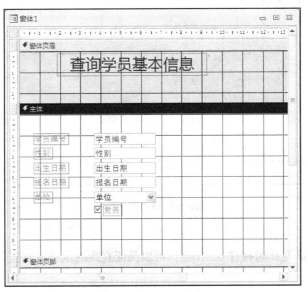

图5-51 添加绑定型控件

STEP 9 在设计视图中，适当地调整各控件的位置、大小、间距，并对齐控件，调整后的视图如图 5-52 所示。

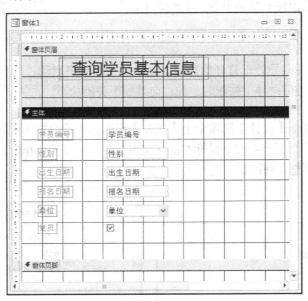

图5-52 调整控件

STEP 10 单击【设计】选项卡上【控件】组的◥（直线）按钮，在主体节的下面画一条直线，添加直线后的设计视图如图 5-53 所示。

图5-53 添加直线控件

知识提示　在画直线时按住 Shift 键，可以保证直线的水平或垂直。

STEP 11　单击【设计】选项卡上【控件】组的下三角按钮，打开所有的控件下拉菜单，如图 5-54 所示。

STEP 12　在控件下拉菜单中，单击 🔨（使用控件向导）按钮，使控件向导处于打开状态。

知识提示　控件向导处于打开状态时，在添加控件时将启动控件向导。再次单击 🔨（使用控件向导）按钮时，控件向导处于关闭状态。

STEP 13　单击【设计】选项卡上【控件】组的 🔲（组合框）按钮，将光标移到窗体的设计视图，在窗体页眉节中按下鼠标左键并拖曳，拉出一个矩形框，启动控件向导，打开【组合框向导】对话框（获取数值的方式），如图 5-55 所示。

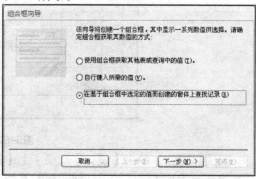

图5-54　控件下拉菜单　　　　图5-55　【组合框向导】对话框（获取数值方式）

知识提示　确定组合框获取其数值的方式有 3 种：使用组合框查阅表或查询中的值、自行键入所需的值和在基于组合框中选定的值而创建的窗体上查找记录。使用组合框查阅表或查询中的值，是将一个表或查询的数据作为组合框的列表选项值。自行键入所需的值，是自定义组合框的列表选项。

STEP 14　在【组合框向导】对话框（获取数值方式）中，选择【在基于组合框中选定的值而创建的窗体上查找记录】单选按钮，然后单击 下一步(N) > 按钮，出现【组合框向导】对话框（确定字段），如图 5-56 所示。

STEP 15　在【组合框向导】对话框（确定字段）中，确定在组合框中显示的字段。在【可用字段】列表框中选择"姓名"，单击 > 按钮，将选中的字段添加到【选定字段】列表框中，单击 下一步(N) > 按钮，弹出【组合框向导】对话框（指定列的宽度），如图 5-57 所示。

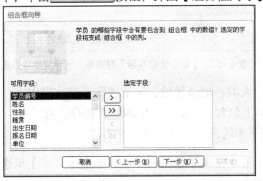

图5-56　【组合框向导】对话框（确定字段）

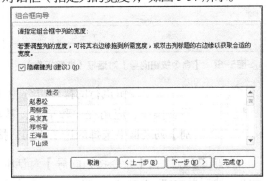

图5-57　【组合框向导】对话框（指定列的宽度）

STEP 16　在【组合框向导】对话框（指定列的宽度）中，使用默认值，单击 下一步(N) > 按钮，出现【组合框向导】对话框（指定标签），如图 5-58 所示。

STEP 17　在【组合框向导】对话框（指定标签）中，在【请为组合框指定标签】文本框中输入"姓名"，单击 完成(F) 按钮，组合框控件将添加到设计视图的窗体页眉节中，如图 5-59 所示。

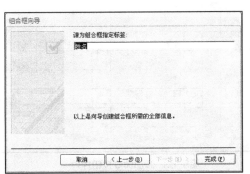

图5-58　【组合框向导】对话框（指定标签）

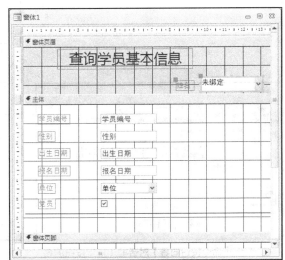

图5-59　添加组合框控件

STEP 18　单击【设计】选项卡上【控件】组的 🔲（按钮）按钮，在主体节中按下鼠标左键并拖曳，拉出一个矩形框，启动控件向导，打开【命令按钮向导】对话框（选择操作），如图 5-60 所示。

STEP 19 在【命令按钮向导】对话框（选择操作）的【类别】列表框中选择【窗体操作】，在【操作】列表框中选择【关闭窗体】选项，单击 下一步(N) > 按钮，出现【命令按钮向导】对话框（显示文本还是图片），如图 5-61 所示。

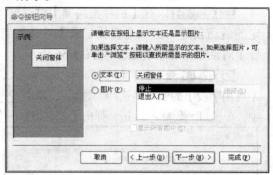

图5-60 【命令按钮向导】对话框（选择操作）　　　图5-61 【命令按钮向导】对话框（显示文本还是图

> 命令按钮执行的操作可分为 6 大类：记录导航、记录操作、窗体操作、报表操作、应用程序和杂项，基本上包含了 Access 中的所有操作。在【类别】列表框中选择的选项不同，接下来的向导操作步骤也会不同。
>
> 知识提示

STEP 20 在【命令按钮向导】对话框（显示文本还是图片）中，单击【文本】单选按钮，然后单击 下一步(N) > 按钮，出现【命令按钮向导】对话框（指定按钮的名称），如图 5-62 所示。

STEP 21 在【命令按钮向导】对话框（指定按钮的名称）中，指定按钮的名称。使用默认值，单击 完成(F) 按钮，则命令按钮控件将添加到窗体的设计视图中，如图 5-63 所示。

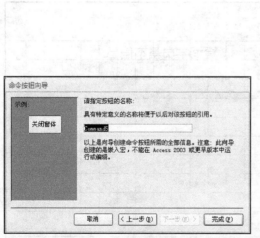

图5-62 【命令按钮向导】对话框（指定按钮的名　　　图5-63 添加命令按钮控件

STEP 22 单击快速访问工具栏上的 按钮，打开【另存为】对话框，如图 5-64 所示。

STEP 23 在【另存为】对话框中，在【窗体名称】文本框中输入"数据交互式窗体"，单击 **确定** 按钮即可。

STEP 24 单击【设计】选项卡上【视图】组的 （视图）按钮，打开该窗体的窗体视图，在"姓名"组合框中选择一名学员，则在下面列出该名学员的基本信息。如图 5-65 所示。

图5-65 窗体视图

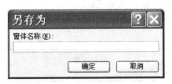

图5-64 【另存为】对话框

【知识链接】

要设计功能齐全、界面美观的窗体，需要了解各个控件的功能，表 5-3 列出了【设计】选项卡上【控件】组里的各个控件及其功能。

表 5-3 窗体的控件及功能

控件	控件名称	功能
	选择对象	用于选择光标。单击该按钮释放以前选定的控件或区域
abl	文本框	用于输入、输出和显示窗体的数据
Aa	标签	用于显示说明文本
xxxx	命令按钮	用于完成各种操作
	选项卡	用于创建一个多页的带选项卡的窗体
	超链接	在窗体中插入超链接控件
	Web 浏览器	在窗体中插入浏览器控件
	导航控件	在窗体中插入导航条
xyz	选项组	提供一组值进行选择，与复选框、选项按钮或切换按钮搭配使用
	分页符	使窗体在分页符处开始新的一页
	组合框	是文本框和列表框的组合，可以在文本框中输入值，也可以在列表框中选择值

控件	控件名称	功能
	图表	在窗体中插入图表
	直线	创建直线
	切换按钮	在开或关两种状态之间切换
	列表框	显示可滚动的数值列表，可以从一个列表中选择值
	矩形	创建矩形框
	复选框	提供一组值选择，可以选择多个选项
	未绑定对象框	用于在窗体中添加未绑定型 OLE 对象，例如 Excel 表格、Word 文档
	附件	在窗体上插入附件控件
	选项按钮	提供一组值选择，只能选择一个选项
	子窗体/子报表	向主窗体或主报表添加子窗体或子报表
	绑定对象框	用于在窗体中显示绑定型 OLE 对象
	图像	用于在窗体上显示图片
	使用控件向导	用于打开或关闭控件向导
	ActiveX 控件	在窗体中添加一个 ActiveX 控件
徽标	徽标	在窗体上插入图片用做徽标
标题	标题	在窗体上插入标签作为标题
日期和时间	日期和时间	在窗体中插入当前日期和时间

课堂练习

在"驾校学员管理系统"数据库中，以"成绩"表为数据源，使用窗体的设计视图设计窗体，要求使用多种方法添加控件。

（三） 创建选项卡式窗体

向窗体中添加选项卡可使窗体更有条理性、更加易用。特别是当窗体中包含许多控件时，将相关控件放在选项卡控件的各页上，可以减轻混乱程度，并使数据处理更加容易。选项卡的应用非常广泛，Access 窗体的【属性表】窗口就是一个典型的应用。例如，在"驾校学员管理系统"数据库中，创建选项卡式窗体，在主体节中显示姓名等信息，在选项卡式窗体上显示报名日期和单位信息。

【操作步骤】

STEP 1　　启动 Access 2010。

STEP 2　　打开"驾校学员管理系统"数据库。

STEP 3　　单击【创建】选项卡上【窗体】组的 （窗体设计）按钮，打开窗体的设计视图。

STEP 4　　在窗体的设计视图中，单击【设计】选项卡上【工具】组的 （添加现有字段）按钮，打开【字段列表】窗格，如图 5-66 所示。

STEP 5　　在【字段列表】窗格中，单击【学员】表前面的⊞图标，展开【学员】表的所有字段。双击【学员编号】和【姓名】字段，将其添加到设计视图中，此时添加的字段显示在设计视图中，如图 5-67 所示。

图5-66　【字段列表】窗格

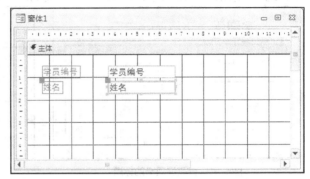

图5-67　添加控件

STEP 6　　单击【设计】选项卡上【控件】组的 □（选项卡）按钮，将光标移到窗体的设计视图中，在主体节中按下鼠标左键并拖曳，拉出一个矩形框，添加选项卡式控件，如图 5-68 所示。

知识提示　　添加选项卡式控件时，系统将自动添加 2 页选项卡。

STEP 7　　单击【设计】选项卡上【工具】组中的 （属性表）按钮，打开窗体的【属性表】窗口，如图 5-69 所示。

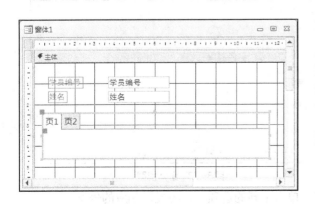

图5-68　添加选项卡式控件

图5-69　【属性表】窗口

STEP 8 在窗体的【属性表】窗口中，在【所选内容的类型】下拉菜单中选择"页1"选项，在【格式】选项卡的【标题】选项中输入"报名日期"，在【所选内容的类型】下拉菜单中选择"页2"选项，在【格式】选项卡的【标题】选项中输入"单位"，单击【属性表】窗口右上角的 ☒ 按钮，关闭【属性表】窗口。此时，修改后的标题如图5-70所示。

知识提示 右键单击选项卡，在弹出的快捷菜单中可以选择插入页、删除页等操作。

STEP 9 选定【报名日期】选项卡，在【字段列表】窗格中，拖曳【报名日期】字段到【报名日期】选项卡，当【报名日期】选项卡变黑时表示【报名日期】字段将添加到该页上，此时释放鼠标按钮，【报名日期】字段将添加至【报名日期】选项卡上，如图5-71所示。

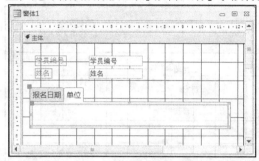

图5-70 修改选项卡的标题

图5-71 在选项卡上添加控件

知识提示 也可以双击【报名日期】字段，将其添加到设计视图的主体节中，再使用剪贴和复制的方法粘贴到选项卡上即可。

STEP 10 使用同样的方法，将【单位】字段添加到【单位】选项卡上。

STEP 11 单击快速访问工具栏上的 ■ 按钮，打开【另存为】对话框，如图 5-72 所示。

STEP 12 在【另存为】对话框中，在【窗体名称】文本框中输入"选项卡式窗体"，单击 确定 按钮即可。

STEP 13 单击【设计】选项卡上【视图】组的 ▤（视图）按钮，打开该窗体的窗体视图，如图5-73所示。

图5-72 【另存为】对话框

图5-73 窗体视图

STEP 14 在该窗体的窗体视图中，单击不同的选项卡，将显示相应的信息。

【知识链接】

可以设置启动选项，使系统启动后自动打开窗体。设置启动选项是在打开的数据库中单击【文件】选项卡上左边的 ▦（选项）按钮，打开【Access 选项】对话框，在【当前数据库】选项卡上，如图 5-74 所示，在【应用程序选项】栏的【显示窗体】下拉列表框中选择要打开的窗体即可。当系统启动时，自动打开该窗体。在【当前数据库】选项卡上，还可以设置应用程序标题、应用程序图标等多项内容。

图5-74　【Access 选项】对话框

任务四　创建子窗体

子窗体是放在另一个窗体中的窗体，包含子窗体的窗体称为主窗体。子窗体一般显示具有一对多关系的表或查询中的数据。主窗体用于显示具有一对多关系的"一"方，子窗体用于显示具有一对多关系的"多"方。当主窗体中的记录变化时，子窗体中的记录也随着发生相应的变化。

创建子窗体有两种方法：一种是使用窗体向导同时创建主窗体和子窗体。另一种是使用控件向导将已有的窗体添加到另一个窗体中。

（一）　使用窗体向导创建子窗体

例如，在"驾校学员管理系统"数据库中，以"科目"表和"成绩"表为数据源，创建子窗体，需要执行下列步骤。

【操作步骤】

STEP 1　　启动 Access 2010。

STEP 2　　打开"驾校学员管理系统"数据库。

STEP 3　　单击【创建】选项卡上【窗体】组的 ▦ 窗体向导（窗体向导）按钮，出现【窗体向导】对话框（选择字段），如图 5-75 所示。

STEP 4　　在【窗体向导】对话框（选择字段）中，在【表/查询】下拉列表框中选择【科目】表，单击 ≫ 按钮，将所有的可用字段都添加到【选定字段】列表框中。

STEP 5　　在【窗体向导】对话框（选择字段）中，继续在【表/查询】下拉列表框中选择【成绩】表，单击 >> 按钮，将所有的可用字段都添加到【选定字段】列表框中，然后单击 下一步(N) > 按钮，出现【窗体向导】对话框（查看数据的方式），如图 5-76 所示。

图5-75 【窗体向导】对话框（选择字段）

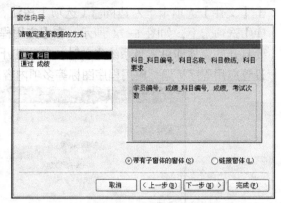

图5-76 【窗体向导】对话框（查看数据的方式）

> **知识提示** 在使用两个源表时，必须先建立这两个表之间的关系。

STEP 6 在【窗体向导】对话框（查看数据的方式）中，确定查看数据的方式，在【请确定查看数据的方式：】列表框中选择【通过科目】选项，单击【带有子窗体的窗体】单选钮，然后单击 下一步(N) > 按钮，出现【窗体向导】对话框（确定子窗体使用的布局），如图 5-77 所示。

STEP 7 在【窗体向导】对话框（确定子窗体使用的布局）中，确定子窗体使用的布局，单击【数据表】单选钮，单击 下一步(N) > 按钮，出现【窗体向导】对话框（指定标题），如图 5-78 所示。

图5-77 【窗体向导】对话框（确定子窗体使用的布

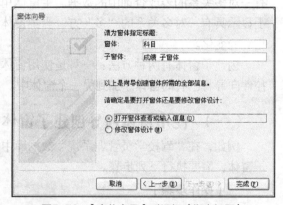

图5-78 【窗体向导】对话框（指定标题）

STEP 8 在【窗体向导】对话框（指定标题）中，指定窗体的标题，在【窗体：】文本框中输入"科目主窗体"，在【子窗体：】文本框中输入"成绩子窗体"，单击【打开窗体查看或输入信息】单选钮，然后单击 完成(F) 按钮，打开窗体视图，如图 5-79 所示。

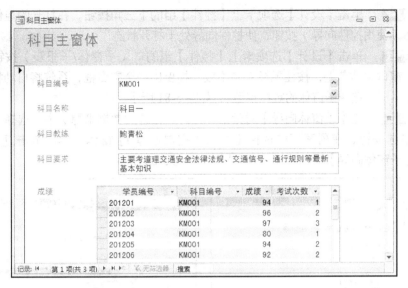

图5-79 窗体视图

（二）使用控件向导创建子窗体

使用控件向导创建子窗体，并将创建的子窗体添加到已有的窗体中。例如，在"驾校学员管理系统"数据库中，将已创建的"成绩（空白窗体）"窗体添加到"学员基本信息"窗体。

【操作步骤】

STEP 1 启动 Access 2010。

STEP 2 打开"驾校学员管理系统"数据库。

STEP 3 在导航窗格中用鼠标右键单击【学员基本信息】窗体，在弹出的快捷菜单中选择【设计视图】选项，打开该窗体的设计视图，如图 5-80 所示。

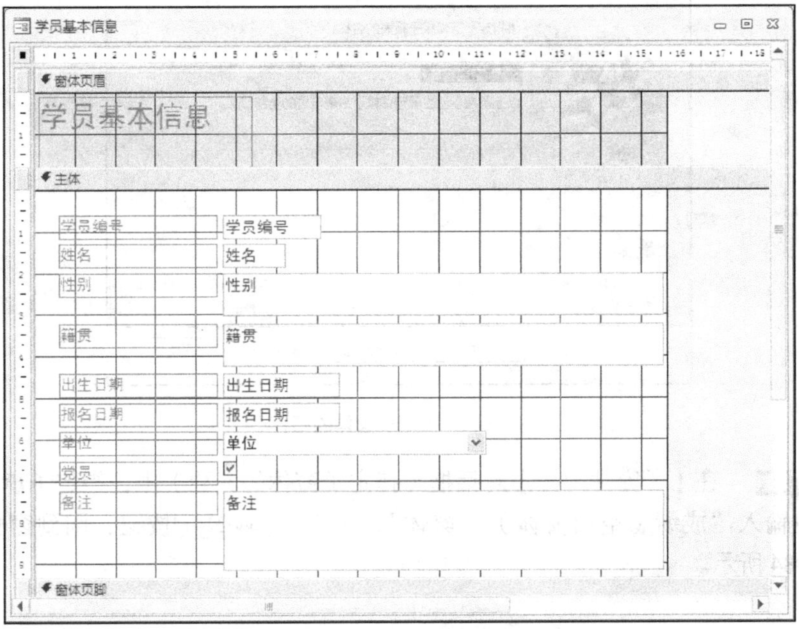

图5-80 窗体的设计视图

STEP 4 单击【设计】选项卡上【控件】组的下三角按钮,在打开的控件下拉菜单中,单击 🔊(使用控件向导)按钮,使控件向导处于打开状态。

STEP 5 单击【设计】选项卡上【控件】组的 🔲(子窗体/子报表)按钮,将鼠标指针放置在窗体主体节上,按住鼠标左键不放,拖曳出一个空白框,系统将自动打开【子窗体向导】对话框(选择子窗体的数据来源),如图 5-81 所示。

STEP 6 在【子窗体向导】对话框(选择子窗体的数据来源)中,选择【使用现有的窗体】单选按钮,在列表框中选择【成绩(空白窗体)】窗体,然后单击 下一步(N) > 按钮,出现【子窗体向导】对话框(确定字段),如图 5-82 所示。

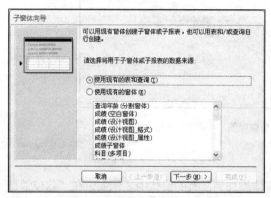
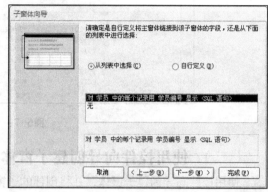

图5-81 选择子窗体的数据来源　　　　　　　　图5-82 确定字段

STEP 7 在【子窗体向导】对话框(确定字段)中,确定主窗体链接到该子窗体的字段,选择【从列表中选择】单选按钮,在列表框中选择【对学员中的每个记录用学员编号显示】选项,单击 下一步(N) > 按钮,出现【子窗体向导】对话框(指定子窗体的名称),如图 5-83 所示。

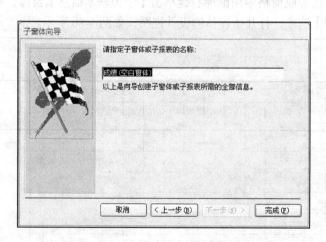

图5-83 指定子窗体的名称

STEP 8 在【子窗体向导】对话框(指定子窗体的名称)中,指定子窗体的名称,在文本框中输入"成绩(空白窗体)子窗体",单击 完成(F) 按钮,回到窗体的设计视图,如图 5-84 所示。

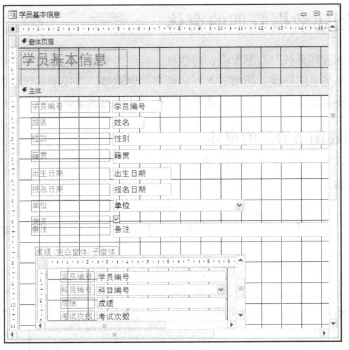

图5-84 窗体的设计视图

STEP 9 单击【文件】选项卡上【对象另存为】命令,打开【另存为】对话框,如图 5-85 所示。

图5-85 【另存为】对话框

STEP 10 在【另存为】对话框中,在【将"学员基本信息"另存为】文本框中输入"学员信息(主窗体)",单击 确定 按钮,保存窗体。

STEP 11 单击【设计】选项卡上【视图】组的 (视图)按钮,打开该窗体的窗体视图,如图 5-86 所示。

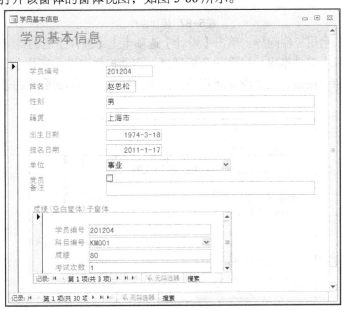

图5-86 窗体视图

实训一 创建数据管理的窗体

在"图书借阅管理系统"数据库中，对数据的管理主要包括对图书和读者的管理。对图书的管理主要有图书信息的修改、新书的入库、新书的删除等，方便图书管理人员的工作需要。对读者的管理主要有读者信息的修改、读者的注册、读者的删除等，便于读者借阅的需要。

（一） 创建图书管理的窗体

通过图书管理窗体可以对"图书"表中的记录进行浏览、增加、删除、修改等操作。

【操作步骤】

STEP 1 打开"图书借阅管理系统"数据库。

STEP 2 单击【创建】选项卡上【窗体】组的 （窗体设计）按钮，打开窗体的设计视图。

STEP 3 在窗体的设计视图中，单击【设计】选项卡上【页眉/页脚】组的 标题 （标题）按钮，系统将在窗体页眉节中添加新的标签控件，在标签上输入"图书管理"文本。在主体节中添加"图书"表中的所有字段，并对齐各个控件，如图 5-87 所示。

图5-87 添加控件

STEP 4 启用控件向导。单击【设计】选项卡上【控件】组的 （按钮）按钮，在主体节中按下鼠标左键并拖曳，拉出一个矩形框，启动控件向导，打开【命令按钮向导】对话框，添加一个命令按钮，用来添加新记录。命令按钮控件添加到窗体的设计视图中，如图 5-88 所示。

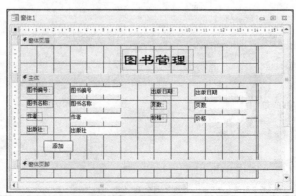

图5-88 添加命令按钮控件

STEP 5 使用同样的方法，在主体节中添加 3 个命令按钮控件，分别用来保存记录、删除记录和撤销记录，再添加一个命令按钮控件，用来关闭窗体，如图 5-89 所示。

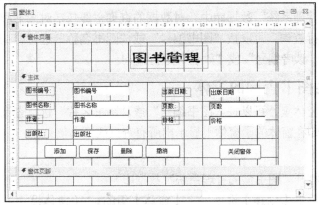

图5-89 添加命令按钮控件

STEP 6 单击快速访问工具栏上的 ■ 按钮，打开【另存为】对话框，在【另存为】对话框的【窗体名称】文本框中输入"图书管理"，单击 确定 按钮保存窗体。

STEP 7 单击【设计】选项卡上【视图】组的 （视图）按钮，打开该窗体的窗体视图，在该窗体上可以进行浏览、添加、删除、修改和保存记录等操作。

（二） 创建读者管理的窗体

通过读者管理窗体可以对"读者"表中的记录进行浏览、增加、删除、修改等操作。创建读者管理窗体的方法与创建图书管理窗体的方法基本一致。

【操作步骤】

STEP 1 打开"图书借阅管理系统"数据库。

STEP 2 单击【创建】选项卡上【窗体】组的 （窗体设计）按钮，打开窗体的设计视图。

STEP 3 在窗体的设计视图中，单击【设计】选项卡上【页眉/页脚】组的 标题（标题）按钮，系统将在窗体页眉节中添加新的标签控件，在标签上输入"读者管理"文本。在主体节中添加"读者"表中的所有字段，并对齐各个控件。

STEP 4 在窗体的设计视图中，同创建图书管理窗体一样，添加命令按钮控件，分别用来添加记录、保存记录、删除记录、撤销记录，再添加一个命令按钮控件，用来关闭窗体，如图 5-90 所示。

STEP 5 单击快速访问工具栏上的 ■ 按钮，打开【另存为】对话框，在【另存为】对话框的【窗体名称】文本框中输入"读者管理"，单击 确定 按钮保存窗体。

STEP 6 单击【设计】选项卡上【视图】组的 （视图）按钮，打开该窗体的窗体视图，在该窗体上可以进行浏览、添加、删除、修改和保存记录等操作。

图5-90 添加控件

实训二 创建数据查询的窗体

在"图书借阅管理系统"数据库中，对数据的查询主要包括对图书和读者信息的查询。在窗体上对图书进行查询，可以按"图书编号"或"图书名称"进行查询。在窗体上对读者进行查询，可以按"读者编号"或"姓名"进行查询。

（一） 创建图书查询的窗体

在图书查询的窗体上，可以按"图书编号"或"图书名称"进行查询，输入相应的图书编号或图书名称，即在窗体的子窗体上显示出所有查询的图书信息。

【操作步骤】

STEP 1 打开"图书借阅管理系统"数据库。

STEP 2 单击【创建】选项卡上【窗体】组的 （窗体设计）按钮，打开窗体的设计视图。

STEP 3 在窗体的设计视图中，单击【设计】选项卡上【页眉/页脚】组的 标题（标题）按钮，系统将在窗体页眉节中添加新的标签控件，在标签上输入"图书查询"文本，设置该标签控件的字体、大小等属性。

STEP 4 不启动控件向导，在窗体的设计视图主体节中添加两个文本框控件，将两个标签控件的文本分别设置为"图书编号"和"图书名称"，如图 5-91 所示。

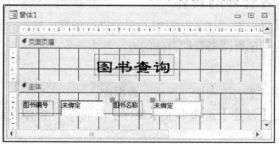

图5-91 添加控件

STEP 5 在窗体的设计视图中，在主体节中添加一个命令按钮，启动控件向导，用来进行对窗体的操作，刷新窗体数据，如图 5-92 所示。

图5-92 添加命令按钮控件

STEP 6 单击【设计】选项卡上【控件】组的 （子窗体/子报表）按钮，启用控件向导，子窗体的数据来源使用【图书信息查询】查询，在设计视图中添加子窗体，如图 5-93 所示。

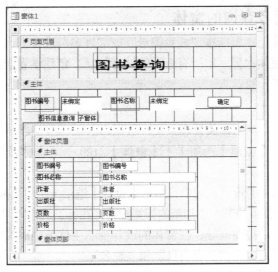

图5-93　添加子窗体

STEP 7　　　保存该窗体，命名该窗体名称为"图书查询"。

STEP 8　　　打开【图书信息查询】查询的设计视图，在查询设计视图的【图书编号】字段下方的【条件】栏中输入：Like "*"&Forms![图书查询]![图书编号]&"*"，在【图书名称】字段下方的【条件】栏中输入：Like "*"&Forms![图书查询]![图书名称]&"*"，如图 5-94所示。

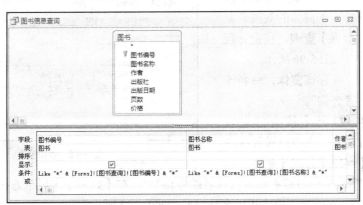

图5-94　设置条件

STEP 9　　　保存【图书信息查询】查询。

STEP 10　　　打开"图书查询"窗体的窗体视图，如图 5-95 所示，在【图书名称】文本框中输入"基础教程"，单击 确定 按钮，在子窗体中显示查询的图书信息。

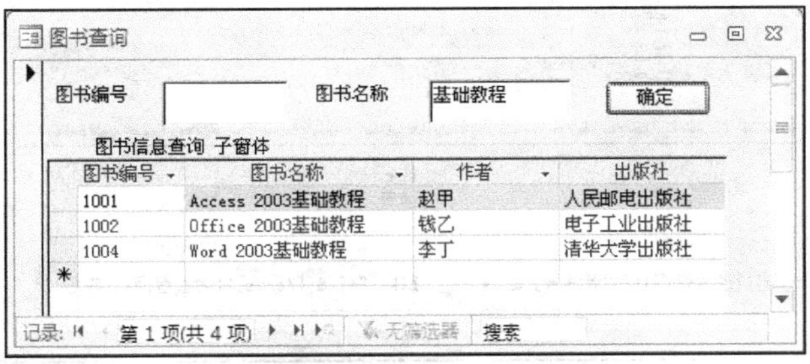

图5-95　窗体视图

（二） 创建读者查询的窗体

在读者查询的窗体上，可以按"读者编号"或"姓名"进行查询，输入相应的读者编号或姓名，在窗体的子窗体上显示出所有查询的读者信息。创建读者查询窗体的方法与创建图书查询窗体的方法基本一致。

【操作步骤】

STEP 1 打开"图书借阅管理系统"数据库。

STEP 2 单击【创建】选项卡上【窗体】组的 （窗体设计）按钮，打开窗体的设计视图。

STEP 3 在窗体的设计视图中，单击【设计】选项卡上【页眉/页脚】组的 标题（标题）按钮，系统将在窗体页眉节中添加新的标签控件，在标签上输入"读者查询"文本。

STEP 4 不启动控件向导，在窗体的设计视图主体节中添加两个文本框控件，将两个标签控件的文本分别设置为"读者编号"和"姓名"。

STEP 5 在窗体的设计视图中，在主体节中添加一个命令按钮，启动控件向导，用来进行对窗体的操作，刷新窗体数据。

STEP 6 单击【设计】选项卡上【控件】组的 （子窗体/子报表）按钮，启用控件向导，子窗体的数据来源使用【读者信息查询】查询，在设计视图中添加子窗体，如图 5-96 所示。

STEP 7 保存该窗体，命名该窗体名称为"读者查询"。

STEP 8 打开【读者信息查询】查询的设计视图，在查询设计视图的【读者编号】字段下方的【条件】栏

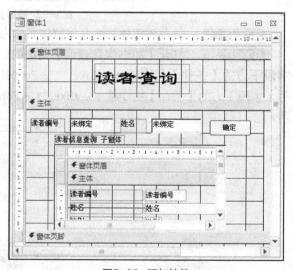

图5-96 添加控件

中输入：Like "*"&Forms![读者查询]![读者编号]&"*"，在【姓名】字段下方的【条件】栏中输入：Like "*"&Forms![读者查询]![姓名]&"*"，如图 5-97 所示。

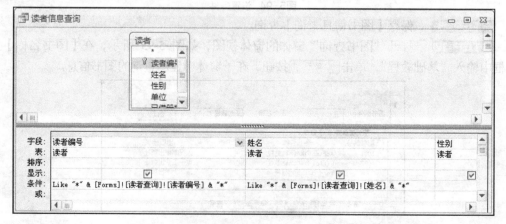

图5-97 设置条件

STEP 9　　保存【读者信息查询】查询。

STEP 10　　打开"读者查询"窗体的窗体视图，如图 5-98 所示，在【读者编号】文本框中输入"00003"，单击 <u>确定</u> 按钮，在子窗体中显示查询的读者信息。

图5-98　窗体视图

项目小结

● 窗体既是管理数据库的窗口，又是用户和数据库之间的桥梁。Access 利用窗体将整个数据库组织起来，从而构成完整的应用系统。

● Access 提供了创建窗体的不同方法，每种方法都有各自的优缺点。

● 设置窗体的格式、属性、应用主题等，可以美化窗体。

● 通过控件的添加、控件的编辑、窗体和控件属性的设置，设计一个功能完善、操作方便的窗体。

● 窗体的设计主要体现在使用简单、操作方便、界面美观等方面。

● 子窗体主要用于显示具有一对多关系的表或查询中的数据，主窗体和子窗体的信息保持同步。

思考与练习

一、简答题

1. 创建窗体主要有哪几种方法？

2. 创建窗体的每种方法主要有哪些优缺点？

3. 窗体的视图有哪几种？每种视图的作用是什么？

4. 窗体的设计视图由几部分组成？每部分的作用是什么？

5. 简述窗体中每个控件的功能。

6. 添加控件主要有哪几种方法？

7. 创建子窗体有哪些方法？

二、上机练习

1. 在"仓库管理系统"数据库中，根据"入库"表，使用分割窗体工具创建窗体。

2. 在"仓库管理系统"数据库中，根据"商品"表，使用窗体向导创建窗体。

3. 在"仓库管理系统"数据库中，根据"出库"表，使用多项目工具创建窗体。

4. 在"仓库管理系统"数据库中，创建切换面板，使用该数据库。

5. 在"仓库管理系统"数据库中，根据"商品"表，使用设计视图创建界面美观大方、功能齐全的窗体。

6. 在"仓库管理系统"数据库中，根据"商品"和"入库"表，创建子窗体。

PART 6

报表是 Access 数据库的重要对象之一。Access 使用报表来实现数据的打印。报表的主要作用是可以对大量数据进行比较、分组和汇总等，通过统计来分析数据，并进行打印，可以将报表设计成美观的发票、购物订单、邮件标签等。

创建报表和创建窗体的过程基本相同。窗体的数据显示在屏幕上，报表的数据还可以打印出来；窗体上的数据可以修改，而报表中的数据不能修改。

课堂案例展示

在"驾校学员管理系统"数据库中，使用各种方法创建报表，然后使用报表的设计视图来设计报表，对报表进行修改和美化，使其功能更加完善，界面更加美观。以"学员"表为数据源，使用标签工具创建的报表如图 6-1 所示。按"单位"和"学员编号"字段排序，排序后的报表如图 6-2 所示。以"单位"字段进行分组，分组后的报表如图 6-3 所示。以"单位"字段进行分组，并分别统计各单位的人数及所有的人数，汇总后的报表如图 6-4 所示。

图6-1 标签报表

图6-2 排序后的报表视图

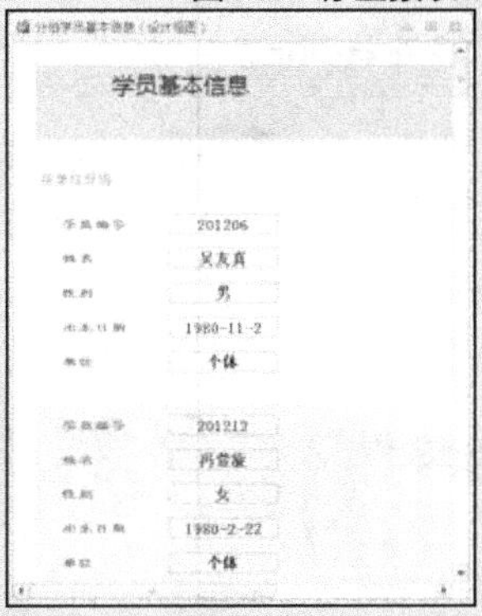

图6-3 分组后的报表视图

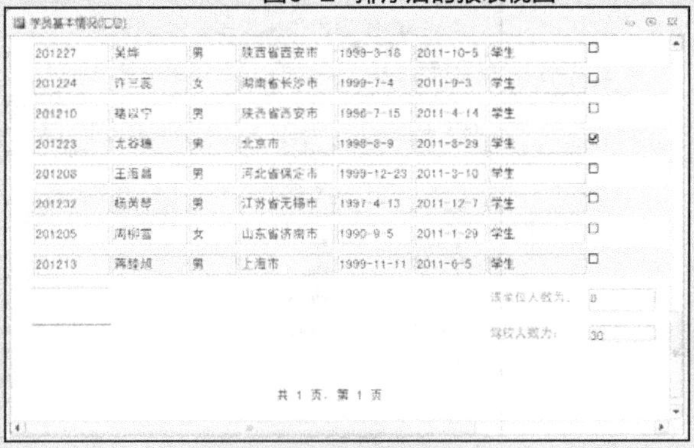

图6-4 汇总后的报表视图

- 掌握使用报表工具快速创建报表的方法。
- 掌握使用报表向导创建报表的方法。
- 掌握使用空白报表工具创建报表的方法。
- 掌握使用标签工具创建报表的方法。
- 熟练掌握使用设计视图创建报表、设计报表,在设计视图中对数据进行排序、分组和汇总等。
- 掌握图表的创建方法。
- 掌握报表的打印。

任务一　创建报表

报表可以使用向导工具创建,也可以直接在设计视图中创建。使用向导工具可以快速地创建报表,使用设计视图可以创建出功能更加复杂、布局更加美观的报表。

(一)　使用报表工具快速创建报表

报表工具提供了最快的报表创建方式,因为它会立即生成报表,而不提示任何信息。报表将显示基础表或查询中的所有字段。例如,在"驾校学员管理系统"数据库中,根据"成绩"表,使用报表工具创建报表。

【操作步骤】

STEP 1　启动 Access 2010。

STEP 2　打开"驾校学员管理系统"数据库。

STEP 3　在导航窗格中选择【成绩】表。

知识提示　　也可以在导航窗格中打开该表的数据表视图。

STEP 4　单击【创建】选项卡上【报表】组的 （报表）按钮,打开该报表的布局视图,如图 6-5 所示。

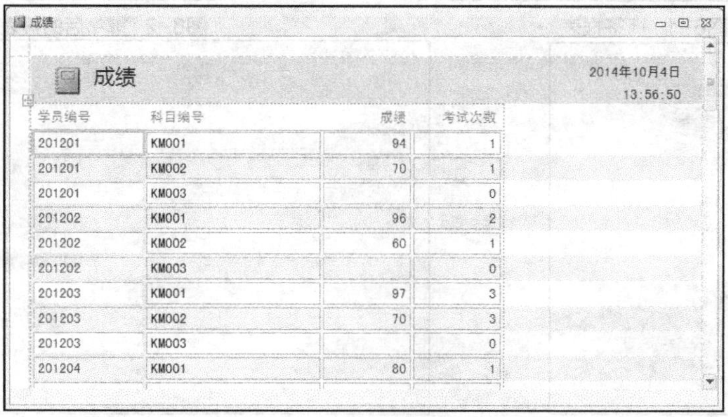

成绩		2014年10月4日 13:56:50

学员编号	科目编号	成绩	考试次数
201201	KM001	94	1
201201	KM002	70	1
201201	KM003		0
201202	KM001	96	2
201202	KM002	60	1
201202	KM003		0
201203	KM001	97	3
201203	KM002	70	3
201203	KM003		0
201204	KM001	80	1

图6-5　布局视图

打开报表的布局视图后，在功能区显示【设计】、【排列】、【格式】和【页面设置】选项卡。
知识提示

STEP 5 单击快速访问工具栏上的 ✈按钮，打开【另存为】对话框，如图6-6所示。

STEP 6 在【另存为】对话框中，在【报表名称】文本框中输入"成绩(报表工具)"，单击 ▭确定 按钮即可。

STEP 7 此时，在导航窗格中显示创建的【成绩(报表工具)】报表，如图6-7所示。

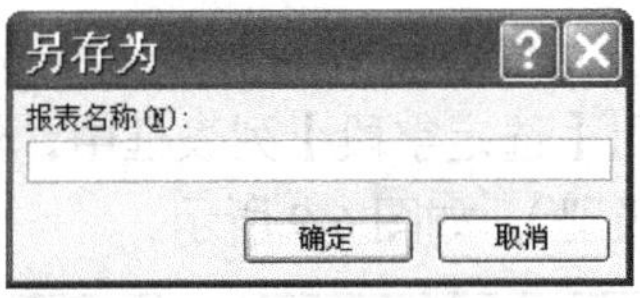

图6-7　导航窗格

图6-6　【另存为】对话框

报表工具可能无法创建最终需要的完美报表，但对于迅速查看基础数据极其有用。可以将该报表在布局视图或设计视图中进行修改和完善，使报表更好地满足需求。

在"驾校学员管理系统"数据库中，根据"科目"表，使用报表工具创建报表。
课堂练习

【知识链接】

报表就是将数据库中的数据按照选定的要求以一定格式打印输出，在报表中可以增加多级汇总、统计比较、添加图片和图表等。

1. 报表的分类

报表主要分有4种类型：表格式报表、纵栏式报表、图表报表和标签报表。

- 表格式报表：以行和列的形式显示记录数据，通常一行显示一条记录，一页显示多行记录。
- 堆积式报表：通常以垂直的方式在每页上显示一条或多条记录，堆积式报表也称为纵栏式报表。
- 图表报表：包含图表显示的报表，使用图表报表，可以更直观地表示数据。
- 标签报表：是一种特殊类型的报表，例如购物订单、邮件标签等。

2. 报表的视图

在 Access 2010 中，报表提供了 4 种视图：报表视图、布局视图、设计视图和打印预览视图。

- 报表视图：用来浏览报表，不能对报表的数据进行任何其他的操作。
- 布局视图：显示报表数据，可以更改报表的布局。
- 设计视图：可以创建报表和设计报表。
- 打印预览视图：用于显示打印报表的页面布局。

（二） 使用报表向导创建报表

可以使用报表向导来选择在报表上显示哪些字段，指定数据的分组和排序方式，如果事先设置了表与查询之间的关系，那么还可以使用来自多个表或查询的字段。

例如，在"驾校学员管理系统"数据库中，显示每名学员的基本信息，使用报表向导创建报表。

【操作步骤】

STEP 1　　启动 Access 2010。

STEP 2　　打开"驾校学员管理系统"数据库。

STEP 3　　单击【创建】选项卡上【报表】组的 🔍报表向导 按钮，出现【报表向导】对话框（选择字段），如图 6-8 所示。

STEP 4　　在【报表向导】对话框（选择字段）中，在【表/查询】下拉列表框中选择【学员】表，单击 ›› 按钮，将所有的可用字段都添加到【选定字段】列表框中，然后单击 下一步(N) › 按钮，出现【报表向导】对话框（添加分组级别），如图 6-9 所示。

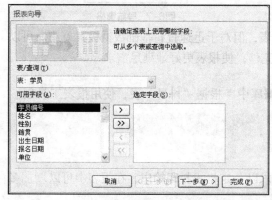

图6-8 【报表向导】对话框（选择字段）　　　　图6-9 【报表向导】对话框（添加分组级别）

STEP 5　　在【报表向导】对话框（添加分组级别）中，确定是否添加分组级别，在【是否添加分组级别】列表框中选择【单位】选项，单击 › 按钮，添加分组级别。单击 分组选项(O)... 按钮，系统弹出【分组间隔】对话框，如图 6-10 所示，可以设置组级字段的分组间隔，在【分组间隔】下拉框中选择【普通】选项，单击 确定 按钮，回到【报表向导】对话框（添加分组级别）。然后单击 下一步(N) › 按钮，出现【报表向导】对话框（确定排序次序），如图 6-11 所示。

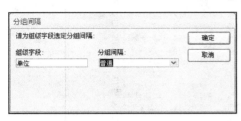

图6-10 【分组间隔】对话框

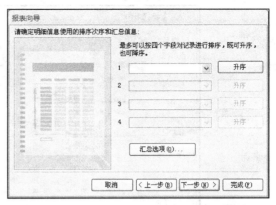

图6-11 【报表向导】对话框（确定排序次序）

多学一招

不同类型的字段有不同的间隔方式。字符型字段有"普通""第一个字母""两个首写字母""三个首写字母"等间隔方式；数字型字段有"普通""10s""50s""100s"等间隔方式；日期/时间型字段有"普通""年""季""月""周""日""时""分"等间隔方式。

STEP 6 在【报表向导】对话框（确定排序次序）中，确定报表记录的排序次序。这里选择【学员编号】字段升序排序。如果要降序排序，可以单击后面的 升序 按钮，切换为 降序 按钮，此按钮可以在"升序"和"降序"之间切换。然后单击 下一步(N) > 按钮，出现【报表向导】对话框（确定布局方式），如图 6-12 所示。

知识提示

在【报表向导】对话框（确定排序次序）中，可以单击 汇总选项(O)... 按钮，打开【汇总选项】对话框，用来对可计算的值进行汇总。

STEP 7 在【报表向导】对话框（确定布局方式）中，确定报表的布局方式。选择【递阶】单选按钮和【纵向】单选按钮，勾选【调整字段宽度使所有字段都能显示在一页中】复选框，然后单击 下一步(N) > 按钮，出现【报表向导】对话框（指定标题），如图 6-13 所示。

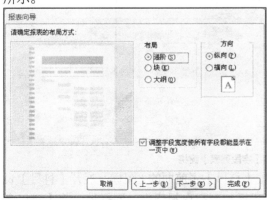

图6-12 【报表向导】对话框（确定布局方式）

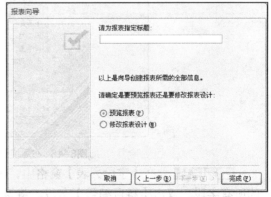

图6-13 【报表向导】对话框（指定标题）

STEP 8 在【报表向导】对话框（指定标题）中，指定报表的标题，在【请为报表指定标题】文本框中输入"学员情况(报表向导)"，选择【预览报表】单选按钮，然后单击 完成(F) 按钮，打开报表的打印预览视图，如图 6-14 所示。

图6-14 报表的打印预览视图

（三） 使用空白报表工具创建报表

如果使用报表工具或报表向导不能满足报表的需要，那么可以使用空报表工具从头生成报表，这也是一种非常快捷的报表生成方式，尤其是只在报表上放置很少几个字段时。例如，在"驾校学员管理系统"数据库中显示有关科目的信息，使用空报表工具创建报表。

【操作步骤】

STEP 1 启动 Access 2010。

STEP 2 打开"驾校学员管理系统"数据库。

STEP 3 单击【创建】选项卡上【报表】组的 □（空报表）按钮，Access 在布局视图中打开一个空报表，并显示【字段列表】窗格，如图 6-15 所示。

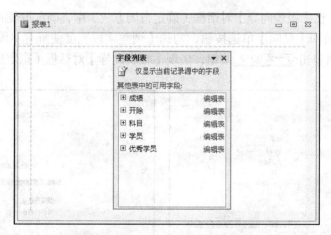

图6-15 布局视图和【字段列表】窗格

STEP 4 在【字段列表】窗格中，单击【科目】表前面的 +图标，展开【科目】表的所有字段，双击【科目编号】字段，将该字段添加到空白报表中，同样地，将【科目名称】和【科目教练】字段添加到空白报表中。

STEP 5 单击【字段列表】窗格右上角的 × 按钮，关闭【字段列表】窗格，则在空白报表上显示所添加的字段，如图 6-16 所示。

STEP 6 单击快速访问工具栏上的■按钮，打开【另存为】对话框，如图 6-17 所示。

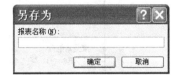

图6-16 在报表中添加字段　　　　　　　图6-17 【另存为】对话框

STEP 7 在【另存为】对话框的【报表名称】文本框中输入"科目(空报表工具)"，单击 确定 按钮即可。

（四）　使用标签工具创建报表

在 Access 中，标签用来创建页面尺寸较小、只需容纳所需数据的报表。标签最常用于邮件，不过任何 Access 数据都可以打印成标签的形式，以用于各种目的。

例如，在"驾校学员管理系统"数据库中，创建有关学员基本信息的标签。

【操作步骤】

STEP 1 启动 Access 2010。

STEP 2 打开"驾校学员管理系统"数据库。

STEP 3 在导航窗格中选择【学员】表。

STEP 4 单击【创建】选项卡上【报表】组的 标签 按钮，出现【标签向导】对话框（指定标签尺寸），如图 6-18 所示。

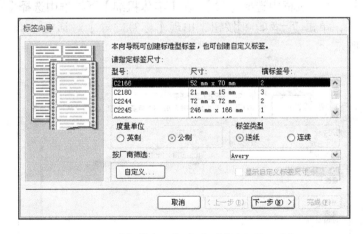

图6-18 【标签向导】对话框（指定标签尺寸）

STEP 5 在【标签向导】对话框(指定标签尺寸)中，指定标签的尺寸，如果标准尺寸不能满足需要，可以单击 自定义... 按钮，打开【新建标签尺寸】对话框，如图 6-19 所示，自己设计标签的尺寸，单击 关闭 按钮，回到【标签向导】对话框(指定标签尺寸)。在这里选择第一个列表选项，然后单击 下一步(N) > 按钮，出现【标签向导】对话框（选择字体及颜色），如图 6-20 所示。

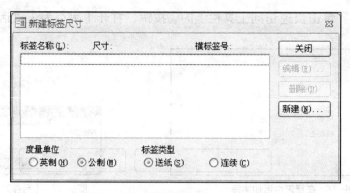

图6-19 【新建标签尺寸】对话框

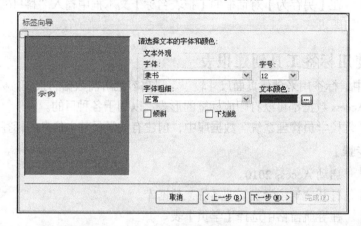

图6-20 【标签向导】对话框（选择字体及颜色）

STEP 6 在【标签向导】对话框（选择字体及颜色）中，在【字体】下拉框中选择【隶书】，在【字号】下拉框中选择【12】，在【字体粗细】下拉框中选择【正常】，设置文本颜色为"蓝色"，单击 下一步(N) > 按钮，出现【标签向导】对话框（确定标签的显示内容），如图6-21所示。

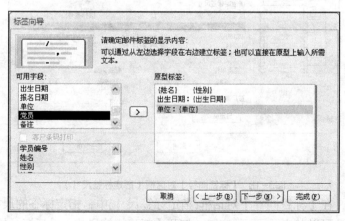

图6-21 【标签向导】对话框（确定标签的显示内容）

STEP 7 在【标签向导】对话框（确定标签的显示内容）中，在【可用字段】列表框中选择【姓名】字段，单击 > 按钮，将【姓名】字段添加到【原型标签】编辑框中，在编辑框中输入4个空格。在【可用字段】列表框中将【性别】字段添加到【原型标签】编辑框。在编辑框中按 Enter 键，可使要添加的字段添加在编辑框的下一行，在【原型标签】编辑框中输入"出生日期:"，在【可用字段】列表框中选择【出生日期】字段添加到编辑框，再在编辑框中按 Enter 键，在【原型标签】编辑框中输入"单位:"，在【可用字段】列表框中选择【单位】字段添加到编辑框。单击 下一步(N) > 按钮，出现【标签向导】对话框（确定排序依据），如图 6-22 所示。

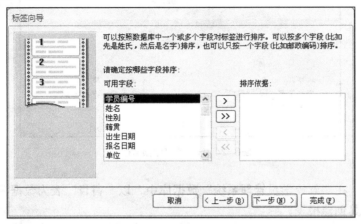

图6-22 【标签向导】对话框（确定排序依据）

知识提示 可以直接在【原型标签】编辑框中输入字符，这些字符将显示在标签报表上。

STEP 8 在【标签向导】对话框（确定排序依据）中，在【可用字段】列表框中选择【单位】字段，单击 > 按钮，将【单位】字段添加到【排序依据】列表框中。单击 下一步(N) > 按钮，出现【标签向导】对话框（指定报表的名称），如图 6-23 所示。

STEP 9 在【标签向导】对话框（指定报表的名称）中，在【请指定报表的名称】文本框中输入"学员(标签)"，选择【查看标签的打印预览】单选按钮，然后单击 完成(F) 按钮，系统将打开标签报表的打印预览视图，如图 6-24 所示。

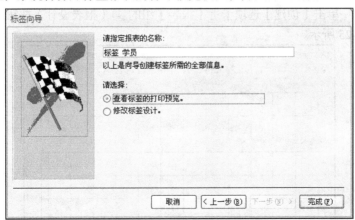

图6-23 【标签向导】对话框（指定报表的名称）

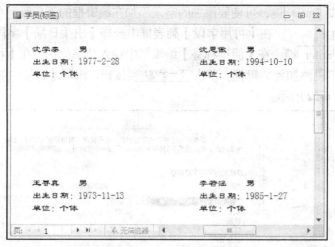

图6-24 报表的打印预览视图

课堂练习

　　在"驾校学员管理系统"数据库中，以"科目"表为数据源，使用标签工具创建报表。

（五）　使用设计视图创建报表

　　使用报表工具或报表向导可以很方便地创建报表，但往往不能满足用户的需求，这时可以使用报表设计视图修改和完善报表，也可以直接使用报表设计视图创建报表，在报表设计视图中可以设计出灵活复杂的报表。

　　例如，在"驾校学员管理系统"数据库中，以"学员"表为数据源，使用报表设计视图创建报表。

【操作步骤】

STEP 1　启动 Access 2010。

STEP 2　打开"驾校学员管理系统"数据库。

STEP 3　单击【创建】选项卡上【报表】组的 ■ （报表设计）按钮，打开报表的设计视图，如图 6-25 所示。

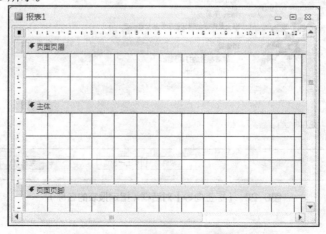

图6-25　报表的设计视图

打开报表的设计视图后，在功能区显示【设计】、【排列】、【格式】和【页面设置】选项卡。

STEP 4　　单击【设计】选项卡上【工具】组的 ▦（添加现有字段）按钮，显示【字段列表】窗格，如图6-26所示。

STEP 5　　在【字段列表】窗格中，单击【学员】表前面的+图标，展开【学员】表的所有字段。将【学员】表中的【学员编号】字段拖曳到报表设计视图主体节中的适当位置，则在窗口中出现控件，同样地，将【姓名】、【性别】、【出生日期】和【单位】字段拖曳到报表设计视图主体节的适当位置上，如图6-27所示。

图6-26　【字段列表】窗格

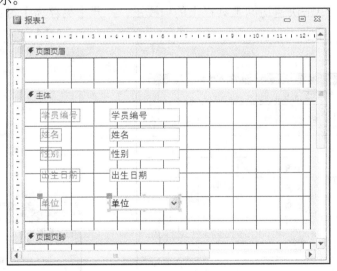

图6-27　添加字段

STEP 6　　在报表的设计视图中，选择所有的控件，单击【排列】选项卡上【调整大小和排序】组的 ▦（大小/空格）按钮，在打开下拉菜单中选择【垂直相等】命令，使选择的控件垂直间距相等。

STEP 7　　选择左边的5个标签控件，单击【排列】选项卡上【调整大小和排序】组的 ▦（对齐）按钮，在打开的下拉菜单中选择【靠左】命令，使选择的控件靠左对齐。在【格式】选项卡上的【字体】组中设置字体为"隶书"，字号为"12"，单击 ▣ 按钮加粗字体，单击 ▤ 按钮左对齐。

STEP 8　　选择右边的5个控件，单击【排列】选项卡上【调整大小和排序】组的 ▦（对齐）按钮，在打开的下拉菜单中选择【靠右】命令，使选择的控件靠右对齐。设置字体为"宋体"，字号为"12"，居中对齐方式，如图6-28所示。

图6-28 编辑控件

STEP 9 单击【设计】选项卡上【页眉/页脚】组的 标题 按钮,系统将在报表页眉节中添加新的标签控件,在标签上输入"学员基本信息"文本,字体为"微软雅黑",字号为"18",居中对齐,如图 6-29 所示。

STEP 10 单击快速访问工具栏上的 按钮,打开【另存为】对话框,如图 6-30 所示。

图6-29 添加标题控件

图6-30 【另存为】对话框

STEP 11 在【另存为】对话框中,在【报表名称】文本框中输入"学员基本信息(设计视图)",单击 确定 按钮即可。

STEP 12 单击【设计】选项卡上【视图】组的 (视图)按钮,打开该报表的报表视图,如图 6-31 所示。

知识提示　　在报表的设计视图中,可以应用主题、添加需要的控件、编辑控件、设置控件的属性等,这与在窗体的设计视图中的操作基本一致。

课堂练习　　在"驾校学员管理系统"数据库中,以"成绩"表为数据源,显示所有的字段,使用设计视图创建报表。

图6-31 报表视图

【知识链接】

在 Access 中，报表是按节来设计的，每个节都有不同的作用。单击【创建】选项卡中【报表】组上的 按钮，打开报表的设计视图，右键单击主体节，在弹出的快捷菜单中选择【报表页眉/页脚】命令，添加"报表页眉"和"报表页脚"。右键单击主体节，在弹出的快捷菜单中选择【页面页眉/页脚】命令，添加"页面页眉"和"页面页脚"。如果要取消显示，则再次执行同样的操作即可。

在报表的设计视图中，各节的功能如下。

- 报表页眉：仅在报表开头显示一次。使用报表页眉可以放置通常可能出现在封面上的信息，如徽标、标题或日期。如果将使用 Sum 聚合函数的计算控件放在报表页眉中，则计算后的总和是针对整个报表的。报表页眉显示在页面页眉之前。
- 页面页眉：显示在每一页的顶部。例如，使用页面页眉可以在每一页上重复报表标题等。
- 主体：对于记录源中的每一行只显示一次。该节是构成报表主要部分的控件所在的位置。
- 页面页脚：显示在每一页的结尾。使用页面页脚可以显示页码或每一页的特定信息等。
- 报表页脚：仅在报表结尾显示一次。使用报表页脚可以显示针对整个报表的报表汇总或其他汇总信息等。

在设计视图中，报表页脚显示在页面页脚的下方。不过，在打印或预览报表时，在最后一页上，报表页脚位于页面页脚的上方，紧靠最后一个组页脚或明细行之后。

另外，在报表的设计视图中，还可以对数据进行分组汇总，则在设计视图中有组页眉和组页脚，作用如下。

- 组页眉：显示在每个新记录组的开头。使用组页眉可以显示组名称。例如，在按产品分组的报表中，可以使用组页眉显示产品名称。如果将使用 Sum 聚合函数的计算控件放在组页眉中，则总计是针对当前组的。
- 组页脚：显示在每个记录组的结尾。使用组页脚可以显示组的汇总信息等。

默认的情况下，报表的设计视图中有网格线和标尺，右键单击设计视图，在弹出的快捷菜单中选择【网格】命令，隐藏网格线。右键单击设计视图，在弹出的快捷菜单中选择【标尺】命令，隐藏标尺。如果将它们显示出来，只需再次执行同样的操作即可。

报表各个节的宽度和高度都是可以调整的。操作方法与操作窗体设计视图的方法是一致的。要调整节的高度时，首先单击节的分节符，使分节符变黑，然后将鼠标指针移到分节符的上方并变成 ‡ 形状时，上下拖曳鼠标就可以调整节的高度。要调整节的宽度时，将鼠标指针置于节的右侧边缘处，当光标变成 ✛ 形状时，拖曳鼠标就可以调整节的宽度，这时所有的节都同时调整宽度。

任务二 设计报表

如果报表中的记录非常多，可以使用报表的排序和分组功能，使报表中的记录按照一定的规则排列，对大量的数据进行比较、分组和汇总等，通过对记录的统计来分析数据。

对报表进行设计时，既可以在布局视图中进行，也可以在设计视图中进行。采用布局视图的好处是可以在对报表格式进行更改的同时查看数据，如果在布局视图中无法对报表进行细致的设置或更改，可以使用设计视图。

（一） 创建排序报表

可以在报表向导创建的报表中对数据进行分组和排序，也可以在布局视图或设计视图中直接对数据进行排序与分组。

在报表中对数据进行排序，既可以按单字段排序，也可以按多字段排序。例如，在"驾校学员管理系统"数据库中，将"学员基本信息(设计视图)"报表按"单位"和"学员编号"字段进行排序。

【操作步骤】

STEP 1　　启动 Access 2010。

STEP 2　　打开"驾校学员管理系统"数据库。

STEP 3　　在导航窗格中用鼠标右键单击【学员基本信息(设计视图)】报表，在弹出的快捷菜单中选择【设计视图】选项，打开该报表的设计视图，如图 6-32 所示。

图6-32 报表的设计视图

STEP 4　　单击【设计】选项卡上【分组和汇总】组的 📊（分组和排序）按钮，或者用鼠标右键单击报表的设计视图，在弹出的快捷菜单中选择【排序和分组】选项，打开【分组、排序和汇总】窗格，如图 6-33 所示。

STEP 5　　在【分组、排序和汇总】窗格中，单击 添加排序 按钮，打开选择字段列表，如图 6-34 所示。

图6-33　【分组、排序和汇总】窗格　　　　　　　　图6-34　选择字段列表

STEP 6　　在选择字段列表中，选择一个字段作为排序的依据。选择【单位】字段作为排序依据，如图 6-35 所示。

知识提示　　**在默认情况下，按升序排列，单击升序后面的下三角按钮，可以选择降序排列。另外，单击×按钮可将选择的排序字段删除。**

STEP 7　　在【分组、排序和汇总】窗格中，再次单击 添加排序 按钮，添加【学员编号】字段作为排序的依据，如图 6-36 所示。

　　　　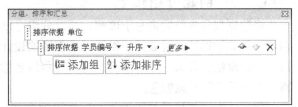

图6-35　添加排序字段　　　　　　　　　　　图6-36　添加排序字段

知识提示　　**单击 或 按钮可以调整排序字段的优先级。**

STEP 8　　单击【文件】选项卡上的【对象另存为】命令，打开【另存为】对话框，如图 6-37 所示。

STEP 9　　在【另存为】对话框中，在【将"学员基本信息（设计视图）"另存为】文本框中输入"排序学员基本信息（设计视图）"，单击 确定 按钮，保存报表。

STEP 10　　单击【设计】选项卡上【视图】组的 📊（视图）按钮，打开该报表的报表视图，如图 6-38 所示。

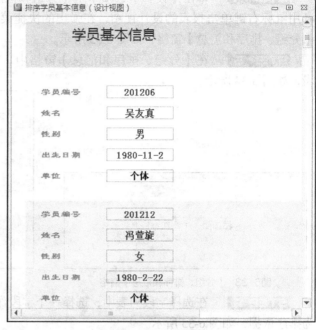

图6-38 报表视图

图6-37 【另存为】对话框

多学一招

对数据进行简单的排序、分组或汇总时，可以首先考虑在布局视图中进行操作，因为在布局视图中可以直接显示数据的更改。

（二）　创建分组报表

将数据划分为组后更易于理解，通过分组可以直观地区分记录，并显示每个组的介绍性内容和汇总数据等。对数据分组后，在报表的设计视图中将出现组页眉和组页脚。组页眉在每个新记录组的开头，使用组页眉可以显示组名称。组页脚在每个记录组的结尾，使用组页脚可以显示组的汇总信息。

例如，在"驾校学员管理系统"数据库中，将"学员基本信息(设计视图)"报表按"单位"字段进行分组。

【操作步骤】

STEP 1　启动 Access 2010。

STEP 2　打开"驾校学员管理系统"数据库。

STEP 3　在导航窗格中用鼠标右键单击【学员基本信息(设计视图)】报表，在弹出的快捷菜单中选择【设计视图】选项，打开该报表的设计视图。

STEP 4　单击【设计】选项卡上【分组和汇总】组的 （分组和排序）按钮，或者用鼠标右键单击报表的设计视图，在弹出的快捷菜单中选择【排序和分组】选项，打开【分组、排序和汇总】窗格，如图 6-39 所示。

STEP 5　在【分组、排序和汇总】窗格中，单击 添加组 按钮，打开选择字段列表，如图 6-40 所示。

图6-39　【分组、排序和汇总】窗格　　　　　　图6-40　选择字段列表

STEP 6　　在选择字段列表中，选择【单位】字段作为分组的依据，如图 6-41 所示。

STEP 7　　在【分组、排序和汇总】窗格中，单击 更多▶ 按钮，将显示更多的设置，如分组字段的排序方式、汇总方式、标题等，如图 6-42 所示。

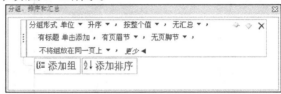

图6-41　添加分组字段　　　　　　图6-42　【分组、排序和汇总】窗格

STEP 8　　在【分组、排序和汇总】窗格中，单击【单击添加】处的文字，打开【缩放】对话框，添加分组标题，如图 6-43 所示。

STEP 9　　在【缩放】对话框中，在编辑框中输入"按单位分组"，单击 确定 按钮，回到报表的设计视图，如图 6-44 所示。

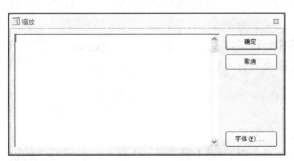

图6-43　【缩放】对话框　　　　　　图6-44　添加分组标题

知识提示　　　　　　添加分组字段后，将在报表的设计视图中显示组页眉。

STEP 10　　单击【文件】选项卡上【对象另存为】命令，打开【另存为】对话框，如图 6-45 所示。

STEP 11 在【另存为】对话框的【将"学员基本信息（设计视图）"另存为】文本框中输入"分组学员基本信息（设计视图）"，单击 确定 按钮，保存报表。

STEP 12 单击【设计】选项卡上【视图】组的 ▤（视图）按钮，打开该报表的报表视图，如图 6-46 所示。

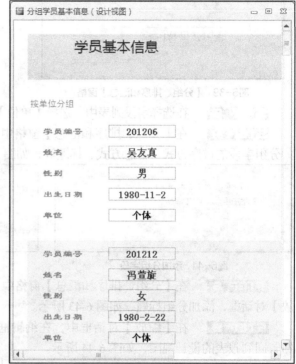

图6-45 【另存为】对话框　　　　　　　图6-46 报表视图

（三） 创建汇总报表

报表的分组将具有共同特征的一组记录排列在一起，并且可以对同一组记录进行汇总。通过汇总可以对报表的所有数据或分组数据进行计算，如求和、平均值、记录计数、值计数、最大值、最小值、标准偏差和方差等。

例如，在"驾校学员管理系统"数据库中，以"学员"表为数据源，创建报表，以"单位"字段进行分组，并分别统计各单位的人数及所有人数。

【操作步骤】

STEP 1 启动 Access 2010。

STEP 2 打开"驾校学员管理系统"数据库。

STEP 3 单击【创建】选项卡上【报表】组的 ▦（报表设计）按钮，打开报表的设计视图。

STEP 4 单击【设计】选项卡上【控件】组的 ▣标题按钮，系统将在报表页眉节中添加新的标签控件，在标签上输入"学员基本信息"文本，字体为"微软雅黑"，字号为"22"，居中对齐，如图 6-47 所示。

STEP 5 单击【设计】选项卡上【工具】组的 ▦（添加现有字段）按钮，显示【字段列表】窗格，如图 6-48 所示。

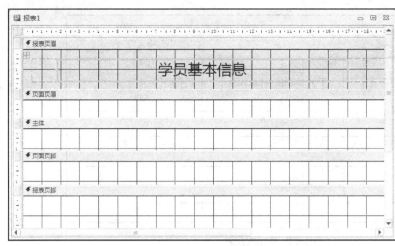

图6-47 添加标题控件

图6-48 【字段列表】窗格

STEP 6 在【字段列表】窗格中，单击【学员】表前面的 + 图标，展开【学员】表的所有字段。依次双击【学员编号】、【姓名】、【性别】、【籍贯】、【出生日期】、【报名日期】、【单位】和【党员】字段，在主体节中添加控件后的设计视图如图 6-49 所示。

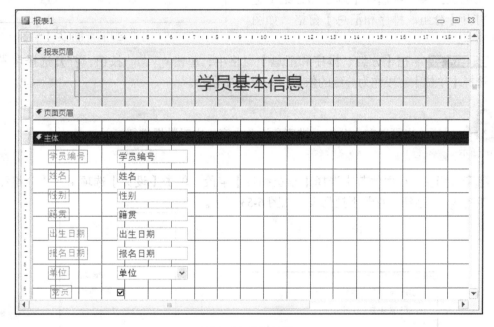

图6-49 添加控件

知识提示 图 6-49 所示的报表称为堆积式报表。

STEP 7 在报表的设计视图中，在主体节中选择所有的控件，单击【排列】选项卡上【表】组的 ▦（表格）按钮，将堆积式报表切换为表格式报表，适当地调整控件的大小、间隔和对齐方式，如图 6-50 所示。

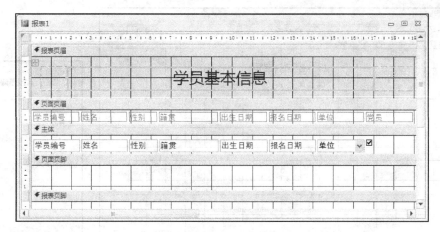

图6-50 表格式报表

STEP 8 单击【设计】选项卡上【分组和汇总】组的 （分组和排序）按钮，或者用鼠标右键单击报表的设计视图，在弹出的快捷菜单中选择【排序和分组】选项，打开【分组、排序和汇总】窗格，如图6-51所示。

图6-51 【分组、排序和汇总】窗格

STEP 9 在【分组、排序和汇总】窗格中，单击 添加组 按钮，打开选择字段列表，选择【单位】字段作为分组的依据，如图6-52所示。

 知识提示 也可以在【分组、排序和汇总】窗格中对数据进行汇总。

STEP 10 在主体节中选择【学员编号】字段，单击【设计】选项卡上【分组和汇总】组的 Σ 合计 按钮，打开下拉列表，如图6-53所示。

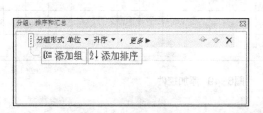

图6-52 选择字段列表

图6-53 下拉列表

多学一招 用鼠标右键单击主体节中的【学员编号】字段，在弹出的快捷菜单中选择【汇总】菜单的下一级菜单中相应的选项，也可以在报表的设计视图中添加汇总信息。

STEP 11 在下拉列表中，选择【记录计数】选项，系统在设计视图中的组页脚和报表页脚中添加控件，如图6-54所示。

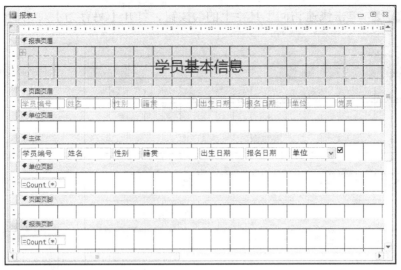

图6-54 添加记录计数控件

STEP 12 在记录计数控件的前面添加一个标签控件，分别输入"该单位人数为："和"驾校人数为："，如图 6-55 所示。

> **知识提示**　"Count()"计算所有记录或组中指定记录的个数。"Sum()"计算所有记录或组中指定字段值的总和。"Avg()"计算所有记录或组中指定字段的平均值。"Min()"计算所有记录或组中指定字段的最小值。"Max()"计算所有记录或组中指定字段的最大值。"StDev()"计算所有记录或组中数值的标准偏差。"Var()"计算所有记录或组中数值的方差。

STEP 13 单击【设计】选项卡上【控件】组的 （页码）按钮，打开【页码】对话框，如图 6-56 所示。

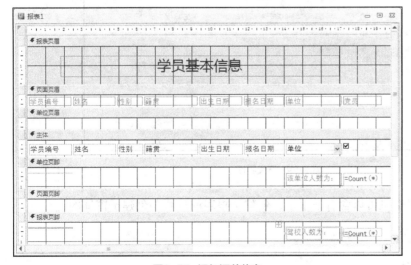

图6-55 添加汇总信息

图6-56 【页码】对话框

STEP 14 在【页码】对话框中，选择【第 N 页，共 M 页】和【页面底端(页脚)】单选按钮，勾选【首页显示页码】复选框，单击 确定 按钮，在报表设计视图的页面页脚添加页码控件，如图 6-57 所示。

STEP 15 单击快速访问工具栏上的![]按钮，打开【另存为】对话框，如图 6-58 所示。

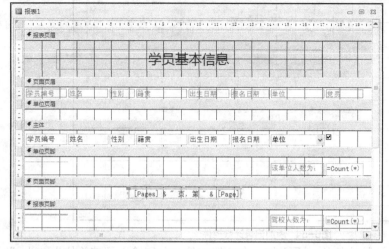

图6-57 添加页码控件

图6-58 【另存为】对话框

STEP 16 在【另存为】对话框的【报表名称】文本框中输入"学员基本情况(汇总)"，单击![确定]按钮即可。

STEP 17 单击【设计】选项卡上【视图】组的按钮，打开该报表的报表视图，如图 6-59 所示。

图6-59 报表视图

知识提示　　在报表中也可以含有子报表，创建子报表的过程与创建子窗体的过程基本一致。

（四）创建图表

在 Access 2010 中，图表是使用 Microsoft Graph 应用程序或其他 OLE 应用程序来建立的，绘制依据是数据库中的表或查询中的数据。图表的形式是多种多样的，如线条图、饼图、面积图等，还可以将图表设置为二维或三维图形。

可以使用图表向导创建图表。图表向导既可以在窗体中工作，也可以在报表中工作。例如，在"驾校学员管理系统"数据库中，根据"统计科目二考试超过一次的人次"查询创建图表。

【操作步骤】

STEP 1 启动 Access 2010。

STEP 2 打开"驾校学员管理系统"数据库。

STEP 3 单击【创建】选项卡上【报表】组的 ![] （报表设计）按钮，打开报表的设计视图，如图 6-60 所示。

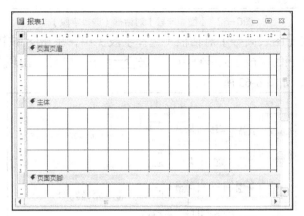

图6-60 报表的设计视图

STEP 4 单击【设计】选项卡上【控件】组的下三角按钮，在所有的控件下拉菜单中单击 ![] （使用控件向导）按钮，启动控件向导。

STEP 5 单击【设计】选项卡上【控件】组的 ![] （图表）按钮，此时光标变为 ![] 形状，在主体节中按住鼠标左键不放，拖曳出一个空白框，系统将自动打开【图表向导】对话框（选择表或查询），如图 6-61 所示。

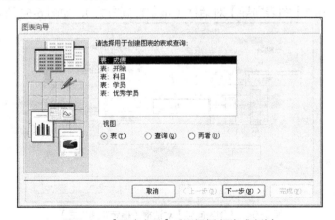

图6-61 【图表向导】对话框(选择表或查询)

STEP 6 在【图表向导】对话框（选择表或查询）中，选择用于创建图表的表或查询，选择【查询】单选按钮，在【请选择用于创建图表的表或查询】列表框中选择【统计科目二考试超过一次的人次】查询，单击 下一步(N) > 按钮，出现【图表向导】对话框（选择字段），如图 6-62 所示。

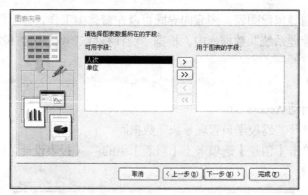

图6-62 【图表向导】对话框（选择字段）

STEP 7 　在【图表向导】对话框（选择字段）中，单击 >> 按钮，将所有的可用字段都添加到【用于图表的字段】列表框中，单击 下一步(N) > 按钮，出现【图表向导】对话框（选择图表的类型），如图 6-63 所示。

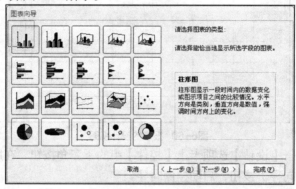

图6-63 【图表向导】对话框（选择图表的类型）

STEP 8 　在【图表向导】对话框（选择图表的类型）中，选择图表的类型，当选择某一种图表类型时，窗口右下角显示该图表类型的说明。在这里选择"柱形图"，单击 下一步(N) > 按钮，出现【图表向导】对话框（指定布局方式），如图 6-64 所示。

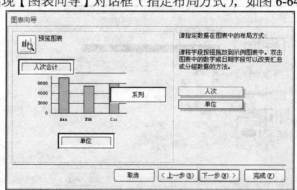

图6-64 【图表向导】对话框（指定布局方式）

STEP 9 　在【图表向导】对话框（指定布局方式）中，系统已经自动把【人次】字段作为纵坐标，并命名为"人次合计"，把【单位】字段作为横坐标。双击【人次合计】选项，出现如图 6-65 所示的【汇总】对话框，在列表框中可以选择要计算的选项，在这里选择【合计】选项，单击 确定 按钮，回到【图表向导】对话框（指定布局方式）。单击 下一步(N) > 按钮，出现【图表向导】对话框（指定图表的标题），如图 6-66 所示。

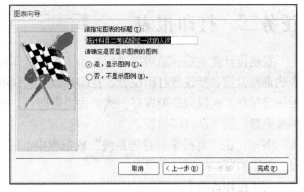

图6-65 【汇总】对话框	图6-66 【图表向导】对话框（指定图表的标题）

STEP 10 在【图表向导】对话框（指定图表的标题）中，在【请指定图表的标题】文本框中输入"统计科目二考试超过一次的人次"，选择【是，显示图例】单选按钮，然后单击 完成(F) 按钮，则在报表的设计视图中添加图表，如图 6-67 所示。

STEP 11 单击快速访问工具栏上的 按钮，打开【另存为】对话框，如图 6-68 所示。

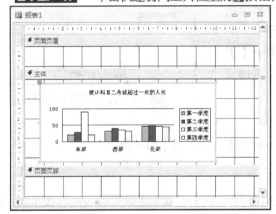

图6-67 报表的设计视图	图6-68 【另存为】对话框

STEP 12 在【另存为】对话框的【报表名称】文本框中输入"图表"，单击 确定 按钮即可。

STEP 13 单击【设计】选项卡上【视图】组的 （视图）按钮，打开该报表的报表视图，如图 6-69 所示。

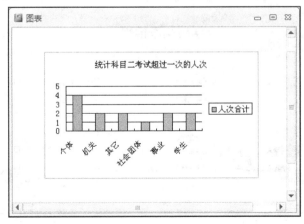

图6-69 报表视图

任务三　打印报表

报表设计完成后，就可以进行打印了。在打印报表之前，要先对报表进行页面设置，报表的页面设置包括设置打印位置、打印列数、选择纸张和打印机等。Access 将页面设置与报表一起保存，所以只需要保存一次页面设置即可。然后对报表进行报表预览，如果对预览的结果满意，就可以打印报表。

例如，在"驾校学员管理系统"数据库中，对"学员基本情况(汇总)"报表进行页面设置、打印预览，然后打印报表。

【操作步骤】

STEP 1　启动 Access 2010。

STEP 2　打开"驾校学员管理系统"数据库。

STEP 3　在导航窗格中用鼠标右键单击【学员基本情况(汇总)】报表，在弹出的菜单中选择【设计视图】选项，打开该报表的设计视图。

STEP 4　单击【页面设置】选项卡上【页面布局】组的 📄（页面设置）按钮，打开【页面设置】对话框，如图 6-70 所示。

图6-70　【页面设置】对话框

知识提示　　也可以在报表的布局视图中打开【页面设置】对话框。

STEP 5　在【页面设置】对话框的【打印选项】选项卡上设置页边距。在【页】选项卡中设置打印方向、纸张大小和来源以及指定打印机等。【列】选项卡用来设置网格、列尺寸和列布局等。设置完成后，单击 确定 按钮即可。

STEP 6　将【学员基本情况(汇总)】报表的设计视图切换到打印预览视图，如图 6-71 所示。

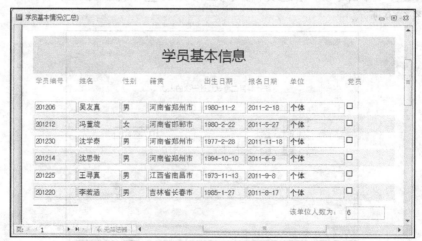

图6-71　报表的打印预览

STEP 7　　打开报表的打印预览后，在功能区上显示【打印预览】选项卡，如图 6-72 所示。

图6-72　【打印预览】选项卡

STEP 8　　在【打印预览】选项卡上，设置页面布局、显示比例等。在打印预览视图中可以设置出最合适的视图，因为在该视图中可以立即看到更改的效果。

STEP 9　　设置完成后，可以单击【打印预览】选项卡上【关闭预览】组的 （关闭打印预览）按钮，关闭打印预览。

　　在打印预览视图中，可以放大预览以查看细节，也可以缩小预览以查看数据在页面上放置的位置。
知识提示

STEP 10　　单击【文件】选项卡上的【打印】命令，打开【打印】对话框，如图 6-73 所示。

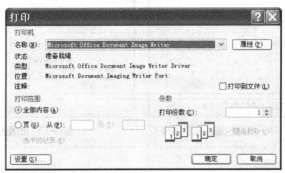

图6-73　【打印】对话框

　　在报表的打印预览视图中，单击【打印预览】选项卡上【打印】组的 （打印）按钮，也可以打开【打印】对话框。
多学一招

STEP 11　　在【打印】对话框中，设置打印机的名称、打印范围、打印份数等，设置完成后，单击　确定　按钮即开始打印报表。

　　在"驾校学员管理系统"数据库中，对"学员基本信息(设计视图)"报表进行页面设置、打印预览，最后将报表打印出来。
课堂练习

实训一　使用标签工具创建报表

　　在"图书借阅管理系统"数据库中，以"图书"表为数据源，使用标签工具创建图书信息的标签报表。

【操作步骤】

STEP 1 打开"图书借阅管理系统"数据库。

STEP 2 在导航窗格中选择【图书】表。

STEP 3 单击【创建】选项卡上【报表】组的 标签 按钮，出现【标签向导】对话框。

STEP 4 在【标签向导】对话框中，指定标签的尺寸，选择字体及颜色。确定标签的显示内容，如图 6-74 所示，在【原型标签】编辑框中输入"图书名称：　　"，将【图书名称】字段添加到【原型标签】编辑框中，在编辑框中按 Enter 键；在【原型标签】编辑框中输入"作者：　　"，将【作者】字段添加到【原型标签】编辑框中，在编辑框中按 Enter 键；在【原型标签】编辑框中输入"出版社：　　"，将【出版社】字段添加到【原型标签】编辑框中，在编辑框中按 Enter 键；在【原型标签】编辑框中输入"出版日期：　　"，将【出版日期】字段添加到【原型标签】编辑框中，在编辑框中按 Enter 键。

STEP 5 在【标签向导】对话框中，确定排序依据，指定报表的名称为"读者(标签)"。打开标签报表的打印预览视图，如图 6-75 所示。

图6-74 【标签向导】对话框（确定标签的显示内容）　　　图6-75 报表的打印预览视图

实训二　创建分组报表

在"图书借阅管理系统"数据库中，使用设计视图创建分组报表，以"读者"表为数据源，以"单位"字段进行分组，并分别统计每个单位的读者数量和所有读者的数量。

【操作步骤】

STEP 1 打开"图书借阅管理系统"数据库。

STEP 2 单击【创建】选项卡上【报表】组的 （报表设计）按钮，打开报表的设计视图。

STEP 3 单击【设计】选项卡上【页眉/页脚】组的 标题 按钮，系统将在报表页眉节中添加新的标签控件，在标签上输入"读者基本信息"文本，字体为"隶书"，字号为"30"，居中对齐。

STEP 4 在设计视图中，使用表格式报表。展开【读者】表的所有字段。分别将【读者编号】、【姓名】、【性别】和【单位】字段拖曳到报表设计视图主体节的适当位置，在页面页眉节中的标签控件的内容分别为"读者编号""姓名""性别"和"单位"。添加标签控件后的设计视图，如图 6-76 所示。

STEP 5 单击【设计】选项卡上【分组和汇总】组的 ⚏（分组和排序）按钮，打开【分组、排序和汇总】窗格，单击 █▰ 添加组 按钮，打开选择字段列表，选择【单位】字段作为分组的依据。

STEP 6 在主体节中选择【读者编号】字段，单击【设计】选项卡上【分组和汇总】组的 Σ 合计▾ 按钮，在打开的下拉列表中选择【记录计数】选项，系统在设计视图中的组页脚和报表页脚中添加控件。在记录计数控件的前面添加一个标签控件，分别输入"单位人数为："和"所有读者人数为："，如图 6-77 所示。

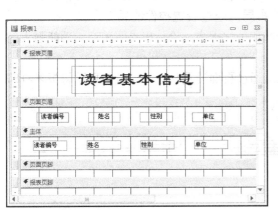

图6-76 添加控件

图6-77 添加汇总信息

STEP 7 保存报表的名称为"读者基本情况"。

STEP 8 单击【设计】选项卡上【视图】组的 🗒（视图）按钮，打开该报表的报表视图，如图 6-78 所示。

读者基本情况			
00004	水名造	女	法学院
00001	韩丝子	男	法学院
	单位人数为：		2
00003	严学友	女	理学院
	单位人数为：		1
00005	冯学仪	男	文学院
00002	秦蜜孔	女	文学院
	单位人数为：		2
	所有读者人数为：		5

图6-78 报表视图

项目小结

- 系统提供了多种工具和向导来创建报表，每种创建方法有各自的优缺点。使用报表工具对于迅速查看基础数据极其有用。使用报表向导则提供了创建报表时选择字段的自由。使用空白报表工具对只在报表上放置很少几个字段的情况极其有用。标签则是一种类似名片的短信息载体。可以根据需要选择不同的创建报表的方法。

- 如果要设计复杂的报表，可以先使用工具或向导创建报表，然后再使用报表的设计视图来进行设计和完善。

- 在报表的设计视图中，可以进行添加控件、移动控件、删除控件、对齐控件、调整控件的间距等操作，从而改变报表的布局。通过设置控件的属性、设置报表的样式、应用主题等操作，可以进一步修饰和美化报表，设计出界面美观、功能强大的报表。

- 报表是专门为打印而设计的特殊对象。通过页面设置和打印预览，可以将报表打印出来。

思考与练习

一、简答题

1. 简述窗体与报表的异同点。
2. 报表有几种视图？每种视图有什么功能？
3. 分组报表的作用是什么？
4. 报表中的组页眉和组页脚有什么作用？
5. 报表中的图表有什么作用？

二、上机练习

1. 在"仓库管理系统"数据库中，根据"商品"表使用报表向导创建报表。
2. 在"仓库管理系统"数据库中，根据"仓库"表使用标签工具创建报表。
3. 在"仓库管理系统"数据库中，根据"商品"和"入库"表使用报表的设计视图创建报表。
4. 在"仓库管理系统"数据库中，根据"商品"和"出库"表，以"出库日期"字段创建分组报表。

PART 7

项目七
宏的创建与运行

在 Access 中，使用宏可以自动完成数据库中的常规任务，可以实现打开/关闭数据表或报表、打印报表、执行查询、筛选或查找记录、显示信息提示框、设置控件的属性等功能。但对一些非常规且较为复杂的自动化任务，需要使用模块来完成这些任务。

在 Access 中，可以将宏看作一种简化的编程语言，这种语言通过生成一系列要执行的操作来编写。

课堂案例展示

在"驾校学员管理系统"数据库中，首先创建和设计宏，然后调试和运行宏。创建一个宏，用来打开浏览"学员"表，宏的设计视图如图 7-1 所示。创建一个包含 3 个宏的宏组，在一个窗体上添加 3 个命令按钮，分别用来运行宏组中的 3 个宏，窗体视图如图 7-2 所示。创建一个条件宏，打开【成绩(空白窗体)】窗体，当有学员的成绩小于 80 分时，将运行条件宏，提示该学员不及格，如图 7-3 所示。

图7-1　宏的设计视图

图7-2　在窗体上运行宏组

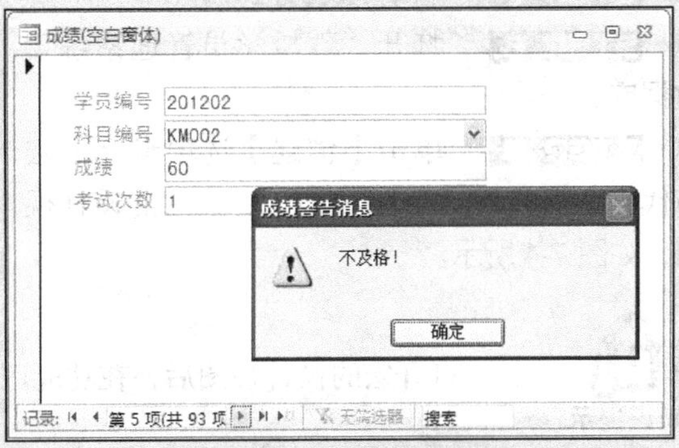

图7-3　运行条件宏

知识技能目标

- 熟练掌握在设计视图中创建单个宏、宏组和条件宏。
- 掌握调试宏的方法。
- 掌握运行宏的不同方法。

任务一　创建宏

宏是一种工具，是一个或多个操作的集合，其中每个操作都能够自动实现特定的功能。可以用它来自动完成任务，并向窗体、报表和控件中添加功能等。例如，如果向窗体添加一个命令按钮，应当将按钮的单击事件与一个宏关联，并且该宏应当包含希望该按钮每次被单击时执行的命令，如打开或关闭窗体、预览或打印报表等。

通过运行宏，Access 能够自动地完成一系列的操作。宏可分为单个宏、宏组和条件宏。

- 单个宏：单个宏由单个宏操作组成。大多数操作都需要一个或多个参数。
- 宏组：由多个子宏组成。每个子宏可以独立运行。通常情况下，把数据库中一些功能相关的子宏组成一个宏组，有助于数据库的操作和管理。
- 条件宏：通常情况下，宏的执行顺序是从第一个宏执行到最后一个宏，可以使用条件表达式来决定是否进行某个操作，这样的宏称为条件宏。

通过宏可以轻松地完成在其他软件中必须编写大量程序代码才能做到的事情。宏只能在宏的设计视图中创建。

（一）　创建单个宏

创建单个宏的方法很简单，例如，在"驾校学员管理系统"数据库中创建一个宏，以只读的方式打开"学员"表。

【操作步骤】

STEP 1　启动 Access 2010。

STEP 2　打开"驾校学员管理系统"数据库。

STEP 3　单击【创建】选项卡上【宏与代码】组的 　（宏）按钮，打开宏的设计视图，如图 7-4 所示。

图7-4　宏的设计视图

打开宏的设计视图后，在功能区显示【设计】选项卡。

STEP 4　在打开设计视图的同时，也将打开【操作目录】窗口，如图 7-5 所示，如果没有打开【操作目录】窗口，单击【设计】选项卡上【显示/隐藏】组的 　（操作目录）按钮，打开【操作目录】窗口。

STEP 5 在宏的设计视图中，单击添加新操作组合框后面的下三角按钮，在弹出的下拉列表中选择【OpenTable】选项，此时添加新操作的设计视图如图 7-6 所示。

 多学一招 另外添加新操作的方法是：直接在组合框输入操作命令，或是从【操作目录】窗口的【操作】组的展开命令中双击或拖曳操作命令到设计视图的组合框中。

图7-5 【操作目录】窗口

图7-6 添加新操作的设计视图

STEP 6 在添加操作的设计视图中，设置操作参数。在【表名称】下拉框中选择【学员】表。在【视图】下拉框中有 5 种视图：数据表、设计、打印预览、数据透视表和数据透视图，选择【数据表】选项。在【数据模式】下拉框中有 3 种打开方式：增加、编辑和只读，在这里选择【只读】选项，如图 7-7 所示。

STEP 7 双击【操作目录】窗口中【程序流程】组的【Comment】选项，此时在宏的设计视图中添加注释文本框，如图 7-8 所示。

图7-7 设置操作参数

图7-8 添加注释文本框

STEP 8　在注释文本框里输入"浏览学员表"，如图7-9所示。

图7-9　设置注释参数

STEP 9　单击快速访问工具栏上的█按钮，打开【另存为】对话框，如图7-10所示。

STEP 10　在【另存为】对话框的【宏名称】文本框中输入"浏览学员表"，单击████按钮即可。

STEP 11　保存宏后，在导航窗格显示创建的【浏览学员表】宏，如图7-11所示。

图7-10　【另存为】对话框

图7-11　导航窗格

【知识链接】

　　Access 2010中提供了许多宏操作，宏操作是宏的基本构建组成。在【操作目录】窗口中【操作】组把宏操作按操作性质分成8组，分别是【窗口管理】（5种操作）、【宏命令】（16

种操作）、【筛选/查询/搜索】（12 种操作）、【数据导入/导出】（6 种操作）、【数据库对象】（11 种操作）、【数据输入操作】（3 种操作）、【系统命令】（4 种操作）和【用户界面命令】（9 种操作），一共有 66 种操作，Access 2010 以这种结构清晰的方式管理宏，使得用户创建宏更为方便和容易。表 7-1 列出了常用的宏操作及功能。

表 7-1　常用的宏操作及功能

宏操作	功能	宏操作	功能
AddMenu	创建窗体或报表的自定义菜单	OnError	指定宏出现错误时如何处理
ApplyFilter	筛选表、窗体或报表中的记录	OpenForm	打开指定的窗体
Beep	通过计算机的扬声器发出蜂鸣声	OpenQuery	打开指定的查询
CancelEvent	取消一个事件	OpenReport	打开指定的报表
CloseDatabase	关闭当前数据库	OpenTable	打开指定的表
CloseWindow	关闭指定的窗口	QuitAccess	退出 Access
FindNextRecord	查找符合条件的下一条记录	Requery	更新指定控件中的数据
FindRecord	查找符合条件的记录	RequeryRecord	刷新当前记录
GoToControl	将光标移到指定对象上	RestoreWindows	将窗口恢复为原来的大小
GoToPage	将光标移到指定页的第一个控件	RunCode	执行 VBA 函数过程
GoToRecord	将光标移到指定记录上，成为当前记录	RunMacro	执行指定的宏
MaximizeMindow	将当前活动窗口最大化	RunSQL	执行指定的 SQL 查询
MinimizeMindow	将当前活动窗口最小化	SaveRecord	保存指定的记录
MoveAndSizeWindow	调整当前窗口的位置和大小	StopAllMacros	停止所有的宏
MessageBox	显示警告或提示信息	StopMacro	停止当前的宏

课堂练习

　　在"驾校学员管理系统"数据库中，创建一个"浏览成绩表"宏，以编辑的方式打开"成绩"表。

（二）创建宏组

如果将几个相关的子宏组成一个宏对象，就可以创建一个宏组。例如，在"驾校学员管理系统"数据库中创建一个宏组，该宏组由"浏览表""运行查询"和"打开窗体"3个子宏组成，"浏览表"宏的功能是打开"科目"表，"运行查询"宏的功能是打开"学员成绩（选择查询）"查询，"打开窗体"宏的功能是打开"学员基本信息"窗体。

【操作步骤】

STEP 1 启动 Access 2010。

STEP 2 打开"驾校学员管理系统"数据库。

STEP 3 单击【创建】选项卡上【宏与代码】组的 （宏）按钮，打开宏的设计视图和【操作目录】窗口。

STEP 4 双击【操作目录】窗口中的【程序流程】组的【Submacro】选项，添加子宏到宏的设计视图中，如图 7-12 所示。

STEP 5 在添加子宏的设计视图中，在【子宏】编辑框中输入"浏览表"。按照创建单个宏的步骤，在添加新操作组合框里选择【OpenTable】选项。然后设置该选项的操作参数，在【表名称】下拉框中选择【科目】表，在【视图】下拉框中选择【数据表】选项，在【数据模式】下拉框中选择【编辑】选项，如图 7-13 所示。

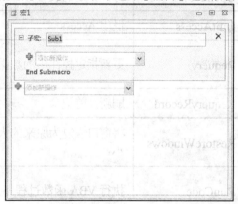

图7-12 添加子宏　　　　　　　　　　图7-13 添加第一个宏名

STEP 6 同样的方法，双击【操作目录】窗口中【程序流程】组的【Submacro】选项，添加子宏到宏的设计视图。在【子宏】编辑框中输入"运行查询"，在添加新操作组合框里选择【OpenQuery】选项，在【表名称】下拉框中选择【学员成绩（选择查询）】查询，在【视图】下拉框中选择【数据表】选项，在【数据模式】下拉框中选择【编辑】选项。双击【操作目录】窗口中【程序流程】组的【Submacro】选项，添加子宏到宏的设计视图。在【子宏】编辑框中输入"打开窗体"，在【操作】栏里选择【OpenForm】选项，并设置该选项的操作参数，在【窗体名称】下拉框中选择【学员基本信息】窗体，如图 7-14 所示。

STEP 7 单击快速访问工具栏上的 按钮，打开【另存为】对话框，如图 7-15 所示。

STEP 8 在【另存为】对话框的【宏名称】文本框中输入"宏组"，单击 确定 按钮即可。

> **知识提示** 保存宏组时，指定的名称是整个宏组的名称，该名称显示在导航窗格中。所保存的宏组包含几个子宏，每个子宏有一个宏名。

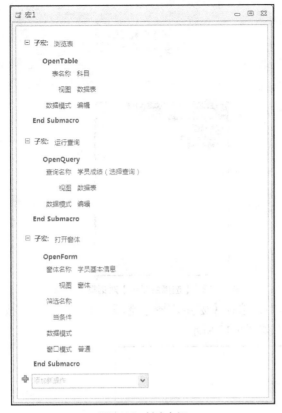

图7-14　创建宏组

图7-15　【另存为】对话框

（三）　创建条件宏

条件宏是满足一定条件后才运行的宏，使用条件来控制宏的流程。例如，在"驾校学员管理系统"数据库中，创建一个条件宏，打开【成绩(空白窗体)】窗体，当有学员的成绩小于80分时，将运行条件宏，提示该学员不及格。

【操作步骤】

STEP 1　启动 Access 2010。

STEP 2　打开"驾校学员管理系统"数据库。

STEP 3　在导航窗格中用鼠标右键单击【成绩(空白窗体)】窗体，在弹出的菜单中选择【设计视图】选项，打开该窗体的设计视图，如图7-16所示。

STEP 4　在窗体的设计视图中，用鼠标右键单击"成绩"文本框控件，在弹出的快捷菜单中选择【属性】命令，打开"成绩"文本框控件的【属性表】窗口，如图7-17所示。

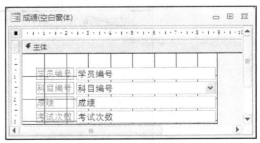

图7-16　窗体的设计视图

STEP 5　在【属性表】窗口中，单击【事件】选项卡，然后单击【进入】文本框后面的…按钮，打开【选择生成器】对话框，如图7-18所示。

图7-17 【属性表】窗口　　　　　　图7-18 【选择生成器】对话框

STEP 6　　在【选择生成器】对话框中，选择【宏生成器】选项，单击 确定 按钮，打开宏的设计视图和【操作目录】窗口，如图7-19所示。

图7-19 宏的设计视图

STEP 7　　双击【操作目录】窗口中【程序流程】组的【If】选项，添加条件宏到宏的设计视图中，如图7-20所示。

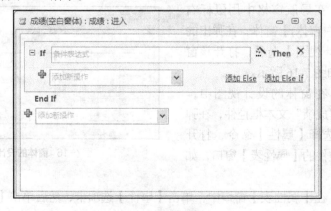

图7-20 添加条件宏

STEP 8　　　在添加条件宏的设计视图中，单击【If】编辑框后面的 按钮，打开【表达式生成器】对话框，如图 7-21 所示。

STEP 9　　　在【表达式生成器】对话框中，在【表达式元素】列表框里已选择【成绩(空白窗体)】窗体，在【表达式类别】和【表达式值】列表框显示相关的内容。在【表达式类别】列表框中选择【成绩】选项，在【表达式值】列表框中直接双击【值】选项，此时在【输入一个表达式以执行操作或执行逻辑】编辑框中出现"[成绩]"，然后在该编辑框中输入"<80"，如图 7-22 所示。

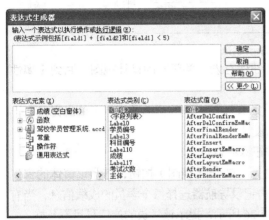
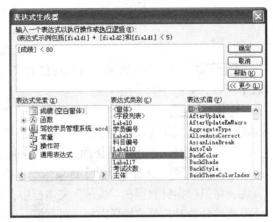

图7-21　【表达式生成器】对话框　　　　　　　　图7-22　【表达式生成器】对话框

　　可以在【输入一个表达式以执行操作或执行逻辑】编辑框中直接输入"[成绩]<80"。

STEP 10　　　在【表达式生成器】对话框中输入表达式，然后单击 确定 按钮回到宏的设计视图，如图 7-23 所示。

图7-23　宏的设计视图

STEP 11　　　在宏的设计视图中，在添加新操作组合框里选择【MessageBox】选项。然后设置该选项的操作参数，在【消息】文本框中输入"不及格！"，在【发嘟嘟声】下拉框中选择【是】选项，在【类型】下拉框中选择【警告！】选项，在【标题】文本框中输入"成绩警告消息"，如图 7-24 所示。

图7-24 设置操作参数

STEP 12 单击快速访问工具栏上的 ┣ 按钮保存宏。关闭宏的设计视图，回到【属性表】窗口，如图 7-25 所示。

STEP 13 在【属性表】窗口的【进入】文本框中显示"[嵌入的宏]"，单击窗口右上角的 × 按钮，关闭【属性表】窗口，回到窗体的设计视图。

STEP 14 单击快速访问工具栏上的 ┣ 按钮保存窗体。

STEP 15 单击【设计】选项卡上【视图】组的 ▦ （视图）按钮，打开该窗体的窗体视图，将鼠标指针放置在"成绩"文本框中，单击记录导航器选择每个学员的成绩信息，当有不及格的分数时，系统将弹出提示对话框，如图 7-26 所示，提示该学员的这门科目不及格。

图7-25 【属性表】窗口

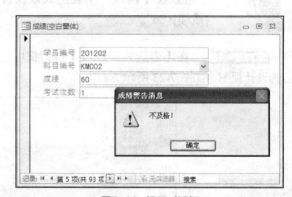

图7-26 提示对话框

知识提示

> 使用该方法创建的宏称为嵌入的宏，嵌入的宏与独立宏不同，嵌入的宏不显示在导航窗格中，而是存储在窗体、报表或控件的事件属性中，这样可使数据库更易于管理；也可以不使用嵌入宏的方法来创建条件宏。

任务二 运行宏

在创建宏完成后，就可以直接运行宏。但在运行宏之前，应先对宏进行调试。宏的调试是创建宏后进行的一项工作，通过反复调试，观察宏的流程和每一个操作的结果，从而找到宏中的错误。

运行宏的方法很多，主要包括直接运行宏，为响应窗体、报表或控件中的事件而运行宏，在一个宏中调用另一个宏，运行宏组中的宏。

（一）　直接运行宏

例如，在"驾校学员管理系统"数据库中，直接运行"浏览学生表"宏。

【操作步骤】

STEP 1　启动 Access 2010。

STEP 2　打开"驾校学员管理系统"数据库。

STEP 3　打开【宏】的导航窗格，右键单击【浏览学员表】宏，在弹出的快捷菜单中选择【设计视图】命令，打开该宏的设计视图。

STEP 4　在宏的设计视图中，选择【设计】选项卡上【工具】组的 ▣ （单步）按钮，使单步运行宏处于开启状态。然后单击【设计】选项卡上【工具】组的 ❗ （运行）按钮，弹出【单步执行宏】对话框，如图7-27 示。

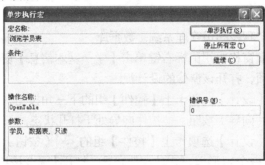

图7-27 【单步执行宏】对话框

STEP 5　在【单步执行宏】对话框中，显示出当前单步执行的宏名、条件、操作名称和操作参数等信息。单击 单步执行(S) 按钮，单步执行宏操作。如果发现错误，将给出错误信息。单击 继续(C) 按钮，直接执行完该宏的所有操作。这里单击 停止所有宏(T) 按钮，关闭【单步执行宏】对话框，回到宏的设计视图。

STEP 6　在宏的设计视图中，再次选择【设计】选项卡上【工具】组的 ▣ （单步）按钮，使单步运行宏处于关闭状态。单击【设计】选项卡上【工具】组的 ❗ （运行）按钮，打开宏的运行结果，如图 7-28 所示。

学员编号	姓名	性别	籍贯	出生日期	报名日期	单位	党员
201204	赵思松	男	上海市	1974-3-18	2011-1-17	事业	☐
201205	周柳雪	女	山东省济南市	1990-9-5	2011-1-29	学生	☐
201206	吴友真	男	河南省郑州市	1980-11-2	2011-2-18	个体	☐
201207	郑书香	女	江苏省无锡市	1986-6-16	2011-3-5	社会团体	☐
201208	王海昌	男	河北省保定市	1999-12-23	2011-3-10	学生	☐
201209	卫山绿	女	江苏省徐州市	1982-8-1	2011-4-11	企业	☑
201210	褚以宁	男	陕西省西安市	1996-7-15	2011-4-14	学生	☐
201211	陈晓祥	男	山东省青岛市	1993-1-19	2011-5-18	事业	☐
201212	冯萱旋	女	河南省邯郸市	1980-2-22	2011-5-27	个体	☐
201213	蒋睦旭	男	上海市	1999-11-11	2011-6-5	学生	☐
201214	沈思傲	男	河南省郑州市	1994-10-10	2011-6-9	个体	☐
201215	韩冬雪	女	北京市	1980-9-3	2011-6-12	社会团体	☑
201216	杨露柳	女	江苏省无锡市	1979-7-1	2011-7-7	机关	☐
201217	赵凡莲	男	辽宁省大连市	1994-6-28	2011-7-14	事业	☐
201218	钱新珊	女	湖北省武汉市	1966-3-10	2011-7-25	其它	☐

记录: ◄ 第 1 项(共 30 项) ► ►I 无筛选器 搜索

图7-28 运行宏

【知识链接】

在导航窗格中，直接双击要运行的宏即可运行宏。另外，单击【数据库工具】选项卡上【宏】组的  运行宏 按钮，打开【执行宏】对话框，如图 7-29 所示，在【宏名】下拉列表框中选择要运行的宏名称，单击 确定 按钮即可。

图7-29 【执行宏】对话框

（二） 为响应窗体、报表或控件中的事件而运行宏

可以直接将宏嵌入窗体、报表或控件中的事件属性中；也可以先创建独立的宏，然后将宏绑定到事件。为响应窗体、报表或控件中的事件而运行宏，一个简单的方法是添加命令按钮，单击该按钮时运行宏。

例如，在"驾校学员管理系统"数据库中，在"学员基本信息"窗体上添加一个命令按钮，单击该按钮时执行"浏览成绩表"宏。

【操作步骤】

STEP 1 启动 Access 2010。

STEP 2 打开"驾校学员管理系统"数据库。

STEP 3 在导航窗格中用鼠标右键单击【学员基本信息】窗体，在弹出的快捷菜单中选择【设计视图】选项，打开该窗体的设计视图。

STEP 4 单击【设计】选项卡上【控件】组的下三角按钮，在打开所有的控件下拉菜单中单击 ▨（使用控件向导）按钮，使控件向导处于打开状态。

STEP 5 单击【设计】选项卡上【控件】组的 xxxx（按钮）按钮，在主体节中按下鼠标左键并拖曳，拉出一个矩形框，启动控件向导，打开【命令按钮向导】对话框（选择操作），如图 7-30 所示。

STEP 6 在【命令按钮向导】对话框（选择操作）中，在【类别】列表框中选择【杂项】，在【操作】列表框中选择【运行宏】选项，单击 下一步(N) > 按钮，出现【命令按钮向导】对话框（确定运行的宏），如图 7-31 所示。

图7-30 【命令按钮向导】对话框（选择操作）

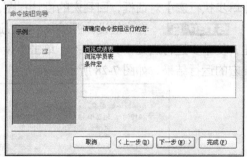

图7-31 【命令按钮向导】对话框（确定运行的宏）

知识提示

在"驾校学员管理系统"数据库中，先创建一个"浏览成绩表"宏，用来打开"成绩"表。

STEP 7 在【命令按钮向导】对话框（确定运行的宏）中，确定命令按钮运行的宏，选择"浏览成绩表"选项，单击 下一步(N) > 按钮，出现【命令按钮向导】对话框（显示文本还是图片），如图 7-32 所示。

STEP 8 在【命令按钮向导】对话框（显示文本还是图片）中，单击【文本】单选按钮，并在后面的编辑框中输入"浏览成绩表"，然后单击 下一步(N) > 按钮，出现【命令按钮向导】对话框（指定按钮的名称），如图 7-33 所示。

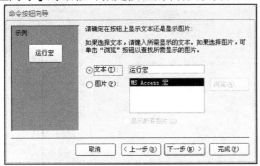 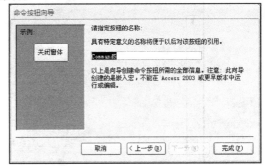

图7-32 【命令按钮向导】对话框（显示文本还是图片）　　图7-33 【命令按钮向导】对话框（指定按钮的名称）

STEP 9 在【命令按钮向导】对话框（指定按钮的名称）中，指定按钮的名称。使用默认值，单击 完成(F) 按钮，则命令按钮控件将添加到窗体的设计视图中，如图 7-34 所示。

图7-34 添加命令按钮控件

多学一招　　如果不启动控件向导，则可以用鼠标右键单击命令按钮控件，在弹出的快捷菜单中选择【属性】命令，打开该控件的【属性表】窗口，单击【事件】选项卡，在【单击】下拉列表中选择【浏览成绩表】宏选项即可。

STEP 10 单击快速访问工具栏上的 按钮保存窗体。

STEP 11 单击【设计】选项卡上【视图】组的 （视图）按钮，打开该窗体的窗体视图，如图 7-35 所示。

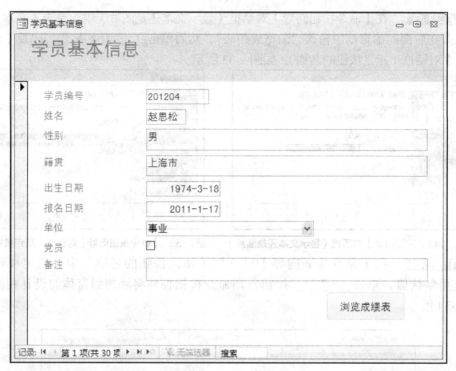

图7-35 窗体视图

STEP 12 在窗体视图中，单击添加的 浏览成绩表 按钮，将运行宏，打开【成绩】表，如图 7-36 所示。

学员编号	科目编号	成绩	考试次数
201201	KM001	94	1
201201	KM002	70	1
201201	KM003		0
201202	KM001	96	2
201202	KM002	60	1
201202	KM003		0
201203	KM001	97	3
201203	KM002	70	3
201203	KM003		0
201204	KM001	80	1
201204	KM002	90	1
201204	KM003	90	1
201205	KM001	94	2
201205	KM002	80	1

图7-36 运行宏

为响应窗体、报表或控件中的事件而运行宏，运行的前提是有触发宏的事件发生。当事件发生时，系统将自动运行分配给该事件的操作序列。Access 支持许多类型的事件，包括数据处理事件、焦点事件、鼠标事件和键盘事件等。

知识提示　在"驾校学员管理系统"数据库中，创建一个显示学员成绩的窗体，在窗体上添加一个命令按钮，用来退出 Access 数据库。

（三）　在一个宏中调用另一个宏

使用宏操作中的"RunMacro"操作，可以在一个宏中调用另一个宏。例如，在"驾校学员管理系统"数据库中，创建一个宏，调用"浏览学员表"宏。

【操作步骤】

STEP 1　启动 Access 2010。

STEP 2　打开"驾校学员管理系统"数据库。

STEP 3　单击【创建】选项卡上【宏与代码】组的 （宏）按钮，打开宏的设计视图和【操作目录】窗口。

STEP 4　在宏的设计视图中，单击添加新操作组合框后面的下三角按钮，在弹出的下拉列表中选择【RunMacro】选项，然后设置操作参数，在【宏名称】下拉列表框中选择【浏览学员表】宏，在【重复次数】编辑框中输入"1"，如图 7-37 所示。

STEP 5　单击快速访问工具栏上的 按钮，打开【另存为】对话框，如图 7-38 所示。

图7-37　宏的设计视图　　　　　　　　图7-38　【另存为】对话框

STEP 6　在【另存为】对话框的【宏名称】文本框中输入"宏之间的调用"，单击 确定 按钮。

STEP 7　单击【设计】选项卡上【工具】组的 （运行）按钮，运行该宏，调用另一个宏打开【学员】表。

（四）　运行宏组中的宏

如果直接运行宏组，Access 将仅仅运行宏组中的第一宏，在到达第二个宏名时停止。要运行宏组中不同的宏，必须指明宏组名和所要执行的宏名，例如，在"驾校学员管理系统"数据库中，创建一个窗体，在该窗体上添加 3 个命令按钮，分别用来运行"宏组"宏组中的 3 个宏。

【操作步骤】

STEP 1　启动 Access 2010。

STEP 2　打开"驾校学员管理系统"数据库。

STEP 3　单击【创建】选项卡上【窗体】组的 （窗体设计）按钮，打开窗体的设计视图，如图 7-39 所示。

STEP 4 单击【设计】选项卡上【控件】组的下三角按钮,在打开所有的控件下拉菜单中单击 🔊(使用控件向导)按钮,使控件向导处于打开状态。

STEP 5 单击【设计】选项卡上【控件】组的 ▭▭▭(按钮)按钮,在主体节中按下鼠标左键并拖曳,拉出一个矩形框,启动控件向导,打开【命令按钮向导】对话框(选择动作),如图 7-40 所示。

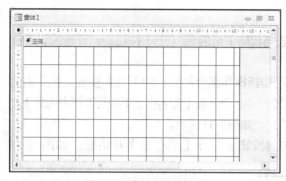

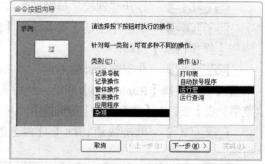

图7-39 窗体的设计视图　　　　　　　　　图7-40 【命令按钮向导】对话框(选择动作)

STEP 6 在【命令按钮向导】对话框(选择动作)中,在【类别】列表框中选择【杂项】选项,在【操作】列表框中选择【运行宏】选项,单击 下一步(N) > 按钮,出现【命令按钮向导】对话框(确定运行的宏),如图 7-41 所示。

STEP 7 在【命令按钮向导】对话框(确定运行的宏)中,选择【宏组.浏览表】选项,单击 下一步(N) > 按钮,出现【命令按钮向导】对话框(显示文本还是图片),如图 7-42 所示。

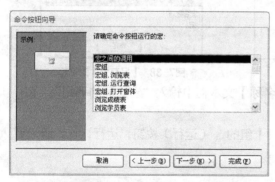

图7-41 【命令按钮向导】对话框(确定运行的宏)　　图7-42 【命令按钮向导】对话框(显示文本还是图

STEP 8 在【命令按钮向导】对话框(显示文本还是图片)中,选择【文本】单选按钮,在文本框中输入"运行浏览表",然后单击 下一步(N) > 按钮,出现【命令按钮向导】对话框(指定按钮的名称),如图 7-43 所示。

STEP 9 在【命令按钮向导】对话框(指定按钮的名称)中,指定按钮的名称,使用默认值,单击 完成(F) 按钮,则命令按钮控件添加到窗体的设计视图,如图 7-44 所示。

STEP 10 使用同样的方法,添加两个命令按钮,分别用来运行【宏组】宏中的其他两个宏,添加完成后的设计视图如图 7-45 所示。

STEP 11 单击【设计】选项卡上【视图】组的 ▤(视图)按钮,打开该窗体的窗体视图,如图 7-46 所示,单击不同的命令按钮,将分别运行宏组中的宏。

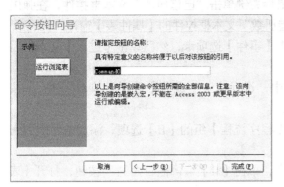

图7-43 【命令按钮向导】对话框（指定按钮的名称）

图7-44 添加命令按钮控件

图7-45 窗体的设计视图

图7-46 窗体视图

STEP 12 单击快速访问工具栏上的 🔲 按钮，打开【另存为】对话框，如图 7-47 所示。

STEP 13 在【另存为】对话框的【窗体名称】文本框中输入"运行宏组"，单击 确定 按钮即可。

图7-47 【另存为】对话框

实训一 创建条件宏

在"图书借阅管理系统"数据库中，创建一个窗体，显示读者的基本信息，当该学生的借书册数超过 10 本时，运行条件宏，弹出提示对话框。

【操作步骤】

STEP 1 打开"图书借阅管理系统"数据库。

STEP 2 单击【创建】选项卡上【窗体】组的 🔲（空白窗体）按钮，Access 在布局视图中打开一个空白窗体，并显示【字段列表】窗格。

STEP 3 在【字段列表】窗格中，单击【读者】表前面的 + 图标，展开【读者】表的所有字段，双击【读者编号】字段，将该字段添加到空白窗体中，同样地，将【姓名】、【性别】、【单位】和【已借册数】字段添加到空白窗体中。

STEP 4 单击【字段列表】窗格右上角的 ✕ 按钮，关闭【字段列表】窗格，则在空白窗体上显示所添加的字段。

STEP 5 在窗体的设计视图中，用鼠标右键单击"已借册数"文本框控件，在弹出的快捷菜单中选择【属性】命令，打开"已借册数"文本框控件的【属性表】窗口。

STEP 6 在【属性表】窗口中，单击【事件】选项卡，然后单击【进入】文本框后面的 按钮，打开【选择生成器】对话框。

STEP 7 在【选择生成器】对话框中，选择【宏生成器】选项，单击 确定 按钮，打开宏的设计视图和【操作目录】窗口。

STEP 8 双击【操作目录】窗口中【程序流程】组的【If】选项，添加条件宏到宏的设计视图。

STEP 9 在添加条件宏的设计视图中，单击【If】编辑框后面的 按钮，打开【表达式生成器】对话框。

STEP 10 在【表达式生成器】对话框的【输入一个表达式以执行操作或执行逻辑】编辑框中输入"[已借册数]>10"，然后单击 确定 按钮回到宏的设计视图。

STEP 11 在宏的设计视图中，在添加新操作组合框里选择【MessageBox】选项。然后设置该选项的操作参数，在【消息】文本框中输入"超过借书册数!"，在【发嘟嘟声】下拉框中选择【是】选项，在【类型】下拉框中选择【警告!】选项，在【标题】文本框中输入"借书册数警告消息"，如图7-48所示。

STEP 12 保存并关闭宏的设计视图，回到【属性表】窗口。

STEP 13 关闭【属性表】窗口，回到窗体的设计视图。

STEP 14 保存窗体的名称为"读者信息"。

STEP 15 单击【设计】选项卡上【视图】组的 （视图）按钮，打开该窗体的窗体视图，将鼠标指针放置在"已借册数"文本框中，单击记录导航器选择每个读者的信息，当有读者超过10本的借书信息时，系统将弹出提示对话框，如图7-49所示，提示关于该读者的警告信息。

图7-48 创建条件宏

图7-49 提示对话框

实训二 运行宏

在"图书借阅管理系统"数据库中，创建一个窗体，添加一个命令按钮控件，单击该按钮时，运行宏，用来打开"读者"表。

【操作步骤】

STEP 1 打开"图书借阅管理系统"数据库。

STEP 2　单击【创建】选项卡上【宏与代码】组的 📄（宏）按钮，打开宏的设计视图和【操作目录】窗口。

STEP 3　在宏的设计视图中，单击添加新操作组合框后面的下三角按钮，在弹出的下拉列表中选择【OpenTable】选项，在【表名称】下拉框中选择【读者】表，在【视图】下拉框中选择【数据表】选项，在【数据模式】下拉框中选择【只读】选项。

STEP 4　保存宏的名称为"浏览读者表"，关闭宏的设计视图。

STEP 5　打开窗体的设计视图。

STEP 6　单击【设计】选项卡上【控件】组的 ▭▭▭▭（按钮）按钮，不使用控件向导，在主体节中按下鼠标左键并拖曳，拉出一个矩形框，添加一个命令按钮控件。

STEP 7　选择添加的命令按钮控件，单击【设计】选项卡上【工具】组的 📄（属性表）按钮，或者用鼠标右键单击该控件，在弹出的快捷菜单中选择【属性】命令，打开该控件的【属性表】窗口。

STEP 8　在【属性表】窗口中，单击【事件】选项卡，在【单击】下拉列表中选择【浏览读者表】宏选项。单击【格式】选项卡，在【标题】文本框中输入"浏览读者表"，单击窗口右上角的 ☒ 按钮，关闭【属性表】窗口，回到窗体的设计视图，如图 7-50 所示。

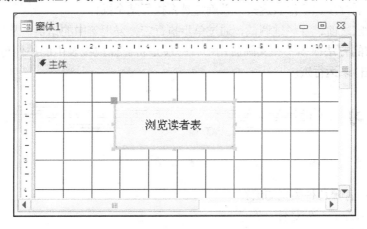

图7-50　窗体的设计视图

STEP 9　保存窗体的名称为"运行宏"。

STEP 10　单击【设计】选项卡上【视图】组的 📄（视图）按钮，打开该窗体的窗体视图，如图 7-51 所示。

图7-51　窗体视图

STEP 11　在窗体视图中，单击 ▭浏览读者表▭ 按钮，将运行宏，打开【读者】表，如图 7-52 所示。

图7-52 运行宏

项目小结

- 宏并不直接处理数据库中的数据。表、查询、窗体和报表各自独立工作，宏可以将这些对象有机地整合起来完成特定的任务。
- 宏的创建与设计只能在宏的设计视图中完成。
- 创建单个宏，需要添加宏操作和设置操作参数。创建宏组，需要添加子宏。创建条件宏，需要添加条件表达式，以确定是否执行某个操作。
- 在运行宏之前，要经过调试，通过单步执行宏，发现宏中的错误，及时修改。
- 运行宏的方法很多，在实际应用中，一般是将窗体或报表中的控件与宏结合起来，通过控件来运行宏。

思考与练习

一、简答题

1. Access 有哪几种类型的宏？
2. 创建宏组的好处是什么？
3. 简述调试宏的步骤。
4. 运行宏有哪些方法？

二、上机练习

1. 在"仓库管理系统"数据库中，创建一个宏，用来以只读的方式打开"商品"表。
2. 在"仓库管理系统"数据库中，创建一个条件宏，当浏览"入库"表时，如果"入库数量"不足"100"，打开提示对话框，提示要注意进货。
3. 在"仓库管理系统"数据库中，创建一个宏组，包括打开一个报表、打印一个报表、退出数据库系统。

项目八
数据库的管理与安全设置

随着计算机网络的发展，数据库的网络应用也越来越广泛。在这种环境下，必须考虑数据库的管理和安全。Access 提供了对数据库进行管理和安全维护的有效方法。

课堂案例展示

在"驾校学员管理系统"数据库中，对数据库设置数据库密码、进行压缩和修复数据的命令菜单如图 8-1 所示。对数据库进行备份和还原、由数据库生成 ACCDE 文件、对数据库进行打包、签名的命令菜单如图 8-2 所示。最后对签名包分发并提取。

图8-1　压缩和修复、用密码加密数据库

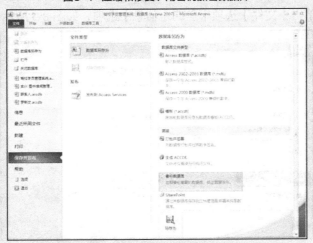

图8-2　打包并签名、生成 ACCDE、备份数据库

- 掌握数据库的压缩和修复。
- 掌握数据库的备份和恢复。
- 掌握数据库密码的设置。
- 掌握将数据库生成 ACCDE 文件。
- 掌握数据库的打包、签名和分发。
- 掌握签名包的提取。

任务一 管理数据库

为了应对数据库因意外原因受到损坏，Access 提供了修复数据库的方法，其中最有效的方法是对数据库进行备份，当数据库因意外情况受到破坏时可以恢复数据库。因此，有必要对数据库进行定期管理。

（一） 手动执行压缩和修复数据库

删除数据库对象时，系统不会自动回收该对象所占用的磁盘空间。也就是说，尽管该对象已被删除，数据库文件仍然使用该磁盘空间。随着数据库文件不断被遗留的临时对象和已删除对象所填充，其性能也会逐渐降低。其症状包括：对象可能打开得更慢，查询可能比正常情况下运行的时间更长，各种典型操作也需要使用更长时间。

压缩数据库可以备份数据库，重新组织数据库文件在磁盘上的存储方式。因此压缩数据库可以优化 Access 数据库的性能。压缩数据库并不是压缩数据，而是通过清除未使用的空间来缩小数据库文件。

例如在"驾校学员管理系统"数据库中压缩该数据库。

【操作步骤】

STEP 1 启动 Access 2010。

STEP 2 打开"驾校学员管理系统"数据库。

STEP 3 单击【文件】选项卡上的【信息】选项，如图 8-3 所示。

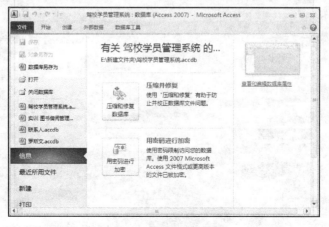

图8-3 【信息】选项

STEP 4　在【信息】选项中，直接单击 🛠（压缩和修复数据库）命令即可。

（二）　自动执行压缩和修复数据库

不必每次手动执行压缩和修复数据库，可以在关闭数据库时自动执行压缩和修复数据库。自动执行压缩和修复数据库的操作步骤如下。

【操作步骤】

STEP 1　启动 Access 2010。

STEP 2　单击【文件】选项卡上左边的 📄（选项）按钮，打开【Access 选项】对话框，如图 8-4 所示。

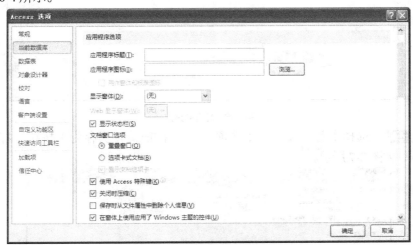

图8-4　【Access 选项】对话框

STEP 3　在【Access 选项】对话框中，单击【当前数据库】选项卡，在窗口右边的【应用程序选项】栏里勾选【关闭时压缩】复选框，然后单击 确定 按钮，系统弹出如图 8-5 所示的提示对话框。

STEP 4　在提示对话框中，单击 确定 按钮即可。

图8-5　提示对话框

（三）　备份和还原数据库

数据库的备份可以使用 Windows 系统或其他软件的备份功能，也可以使用 Access 2010 自身提供的备份功能。下面以 Access 2010 提供的备份功能为例，备份"驾校学员管理系统"数据库。

【操作步骤】

STEP 1　启动 Access 2010。

STEP 2　打开"驾校学员管理系统"数据库。

STEP 3 打开【文件】选项卡上的【保存并发布】选项，在【数据库另存为】栏列出的【高级】组的【备份数据库】选项，如图 8-6 所示。

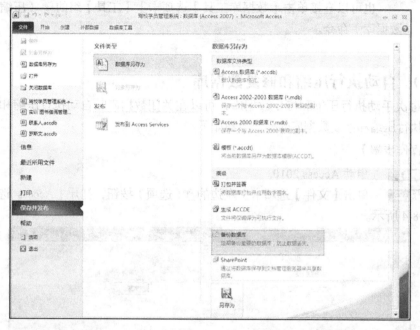

图8-6 备份数据库

STEP 4 选择【备份数据库】选项，然后单击 （另存为）按钮，打开【另存为】对话框，如图 8-7 所示。

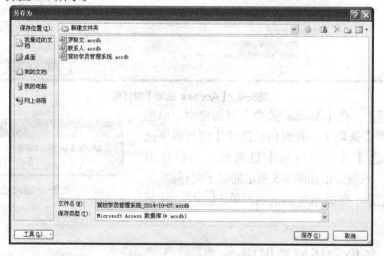

图8-7 【另存为】对话框

STEP 5 在【另存为】对话框中，选择要保存数据库文件的位置，输入数据库文件名称，默认的文件名是数据库名和当前日期的组合。单击 保存(S) 按钮即可备份数据库。

> **知识提示** Access 没有提供直接恢复数据库的方法，可以使用 Windows 中的复制和粘贴功能，将数据库的备份文件复制到数据库文件夹中。

任务二　保护数据库

随着计算机技术的不断发展，数据库的网络应用已成为发展的必然趋势，数据库的安全维护也越来越重要。数据库安全就是防止非法用户使用、破坏或盗取数据库中的数据。Access 提供了一系列保护措施，包括加密/解密数据库，在数据库窗口中显示或隐藏对象，设置数据库密码，生成 ACCDE 文件，将数据库打包等。

（一）　设置数据库密码

设置数据库密码就是给数据库加密码，设置密码后，只有输入所设置的密码才能打开该数据库。例如为"驾校学员管理系统"数据库设置密码。

【操作步骤】

STEP 1　启动 Access 2010。

STEP 2　单击【文件】选项卡上的【打开】命令，打开【打开】对话框，如图 8-8所示。

图8-8　【打开】对话框

STEP 3　在【打开】对话框中，选择【驾校学员管理系统】数据库文件，单击打开(O)按钮后面的下三角按钮，选择【以独占方式打开】选项，打开数据库。

STEP 4　单击【文件】选项卡上的【信息】选项，如图 8-9所示。

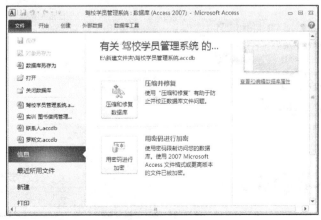

图8-9　【信息】选项

STEP 5 在【信息】选项中，单击 （用密码进行加密）命令，打开【设置数据库密码】对话框，如图 8-10 所示。

STEP 6 在【设置数据库密码】对话框中，在【密码】文本框中输入密码，在【验证】文本框中输入相同的密码，单击 确定 按钮即可。

图8-10 【设置数据库密码】对话框

 知识提示 如果丢失了数据库密码，将无法打开数据库。因此，在设置数据库密码之前，最好进行数据库备份。

（二） 撤销数据库密码

撤销数据库密码与设置数据库密码的操作基本一样，首先要以独占方式打开数据库，然后撤销数据库密码。例如撤销"驾校学员管理系统"数据库的密码。

【操作步骤】

STEP 1 启动 Access 2010。

STEP 2 单击【文件】选项卡上的【打开】命令，打开【打开】对话框。

STEP 3 在【打开】对话框中，选择【驾校学员管理系统】数据库文件，单击 打开 按钮后面的下三角按钮，选择【以独占方式打开】选项，打开数据库，系统将打开【要求输入密码】对话框，如图 8-11 所示。

图8-11 【要求输入密码】对话框

STEP 4 在【要求输入密码】对话框中，输入正确的密码，单击 确定 按钮打开数据库。

STEP 5 单击【文件】选项卡上的【信息】选项，如图 8-12 所示。

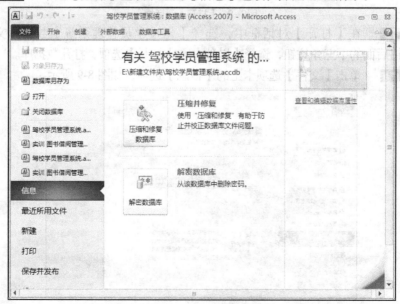

图8-12 【文件】选项卡

STEP 6 在【信息】选项中，单击 🔑 （解密数据库）命令，打开【撤销数据库密码】对话框，如图 8-13 所示。

STEP 7 在【撤销数据库密码】对话框中输入正确的密码后，单击 确定 按钮撤销密码。

图8-13 【撤销数据库密码】对话框

（三） 生成 ACCDE 文件

由数据库生成 ACCDE 文件的过程，就是对数据库进行编译、删除所有可编辑的代码并压缩数据库的过程，防止删除数据库中的对象，这样进一步提高了数据库系统的安全性。ACCDE 文件可以打开和运行，但 ACCDE 文件中的设计窗体、报表或模块等不能修改。例如由"驾校学员管理系统"数据库生成 ACCDE 文件。

【操作步骤】

STEP 1 启动 Access 2010。

STEP 2 打开"驾校学员管理系统"数据库。

STEP 3 打开【文件】选项卡上的【保存并发布】选项，选择【数据库另存为】栏列出的【高级】组的【生成 ACCDE】选项，如图 8-14 所示。

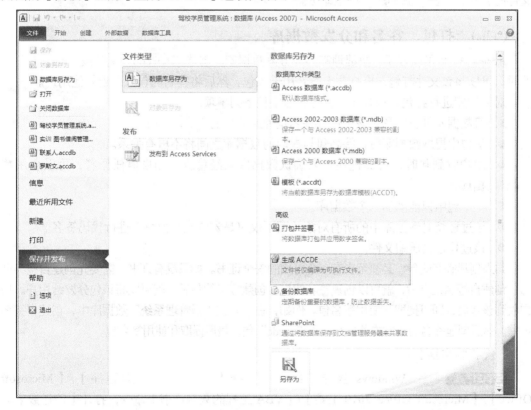

图8-14 生成 ACCDE

STEP 4 选择【生成 ACCDE】选项，然后单击 📙 （另存为）按钮，打开【另存为】对话框，如图 8-15 所示。

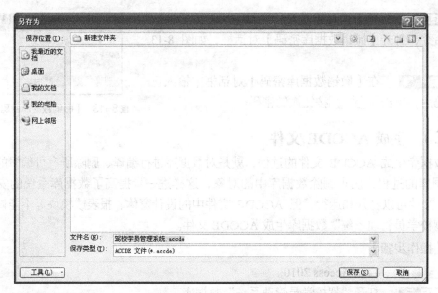

图8-15 【另存为】对话框

STEP 5 在【另存为】对话框中，选择要保存 ACCDE 文件的位置，输入 ACCDE 文件的名称，单击 保存(S) 按钮即可。

（四） 打包、签名和分发数据库

Access 2010 可以方便、快捷地签名和分发数据库。创建 "*.accdb" 文件或 "*.accde" 文件时，可以将该文件打包，再将数字签名用于该包，然后将签名的包分发给其他用户。

对数据库进行打包、签名和分发时，应牢记下列事项。

● 将数据库打包以及对该包进行签名是传递信任的方式。
● 从包中提取数据库后，签名包与提取的数据库之间将不再有关系。
● 用户收到包时，可通过签名来确认数据库未经篡改。如果信任作者，可以启用数据库。
● 一个包中只能添加一个数据库。
● 该过程将对数据库中的所有对象（而不仅仅是宏或代码模块）进行代码签名。
● 该过程还会压缩文件。

如果创建签名的包，必须至少有一个可用的安全证书。如果没有证书，需要先创建自签名证书。创建自签名证书后，就可以创建签名的包。创建签名的包后，就可以将该包分发给用户。用户收到该包后，即可提取和使用签名包。例如，在"驾校学员管理系统"数据库中，创建自签名证书。然后创建签名的"驾校学员管理系统.accdc"包，最后提取和使用签名包。

【操作步骤】

STEP 1 在 Windows 操作系统上，选择【开始】/【所有程序】/【Microsoft Office】/【Microsoft Office 2010 工具】/【VBA 工程的数字证书】命令，打开【创建数字证书】对话框，如图 8-16 所示。

STEP 2 在【创建数字证书】对话框中，在【您的证书名称】文本框中输入证书名称，如输入"Access 证书"，单击 确定 按钮，打开提示对话框，如图 8-17 所示。

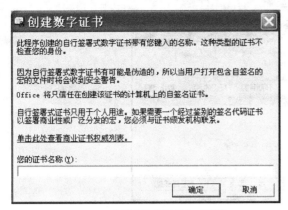

图8-16 【创建数字证书】对话框

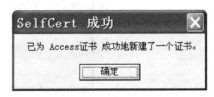

图8-17 提示对话框

STEP 3 在提示对话框中，提示已为 Access 证书成功地新建了一个证书，单击 ▢ 确定 ▢按钮，完成自签名证书。

STEP 4 启动 Access 2010。

STEP 5 打开"驾校学员管理系统"数据库。

STEP 6 打开【文件】选项卡上的【保存并发布】选项，选择【数据库另存为】栏列出的【高级】组的【打包并签署】选项，如图 8-18 所示。

图8-18 打包并签署

STEP 7 选择【打包并签署】命令，然后单击 ▤（另存为）按钮，打开【选择证书】对话框，如图 8-19 所示。

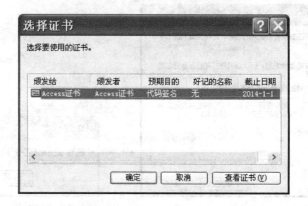

图8-19 【选择证书】对话框

STEP 8 在【选择证书】对话框中，选择已创建的自签名证书，单击 确定 按钮，打开【创建 Microsoft Access 签名包】对话框，如图 8-20 所示。

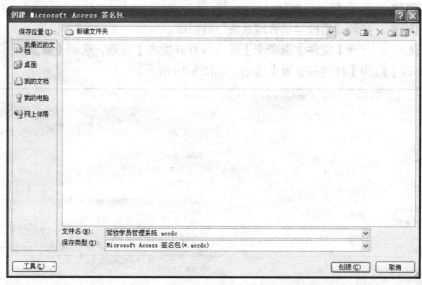

图8-20 【创建 Microsoft Access 签名包】对话框

STEP 9 在【创建 Microsoft Access 签名包】对话框中，指定签名包的位置，输入签名包的名称"驾校学员管理系统.accdc"，单击 创建(C) 按钮即可创建签名包。

知识提示　创建签名包后，就可以将该包分发给其他用户。其他用户收到该包后，可以从包中提取数据库，使用该数据库。

（五） 提取并使用签名包

当用户收到签名包后，可以从包中提取数据库，并直接在数据库中工作，而不是在包文件中工作。例如收到"驾校学员管理系统.accdc"签名包后，提取并使用数据库。

STEP 1 启动 Access 2010。

STEP 2 单击【文件】选项卡上的【打开】命令，打开【打开】对话框，如图 8-21 所示。

图8-21 【打开】对话框

STEP 3 在【打开】对话框中，在【文件类型】下拉列表框中选择【Microsoft Access 签名包(*.accdc)】选项，在【查找范围】下拉列表中选择签名包的文件夹，选择"驾校学员管理系统.accdc"文件，单击 [打开(0)] 按钮，打开【Microsoft Access 安全声明】对话框，如图 8-22 所示。

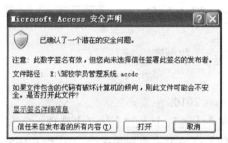

图8-22 【Microsoft Access 安全声明】提示对话框

STEP 4 在【Microsoft Access安全声明】提示对话框中，单击 [打开] 按钮，打开【将数据库提到】对话框，如图 8-23 所示。

图8-23 【将数据库提到】对话框

STEP 5 在【将数据库提到】对话框中，为提取的数据库选择保存位置，输入数据库的名称，单击 [确定] 按钮，打开该数据库文件，如图 8-24 所示。

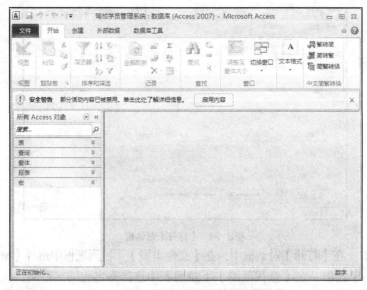

图8-24 打开提取的数据库文件

实训一 手动压缩数据库

压缩"图书借阅管理系统"数据库。

【操作步骤】

STEP 1　启动 Access 2010。

STEP 2　单击【文件】选项卡上的【信息】选项。

STEP 3　在【信息】选项中，直接单击 ◈（压缩和修复数据库）命令即可。

实训二 设置数据库密码

在"图书借阅管理系统"数据库中，设置该数据库的密码。

【操作步骤】

STEP 1　启动 Access 2010。

STEP 2　以独占方式打开"图书借阅管理系统"数据库。

STEP 3　单击【文件】选项卡上的【信息】选项。

STEP 4　在【信息】选项中，单击 ▧（用密码进行加密）命令，打开【设置数据库密码】对话框。

STEP 5　在【设置数据库密码】对话框中，在【密码】文本框中输入密码，在【验证】文本框中输入相同的密码。

项目小结

● 数据库文件在使用过程中可能会迅速增大，有时会影响性能，有时也可能被损坏。可以使用压缩和修复数据库来防止或修复这些问题。

- 当数据库损坏严重，无法使用修复功能修复时，可以使用备份数据库的功能。因此有必要对数据库进行备份。
- 数据库的安全是数据库系统性能的重要因素之一。安全维护最简单的方法是给数据库设置密码。数据库密码只在打开数据库时起作用，数据库打开后，数据库中的所有对象对用户都是可用的。
- 由数据库生成 ACCDE 文件，可以防止删除数据库中的对象，但 ACCDE 文件中的设计窗体、报表或模块等对象不能修改。
- 对数据库进行打包的目的是确保数据库没有被修改，签名是确认数据库未经篡改。如果信任签名包，可以提取该数据库。

思考与练习

一、简答题

1. 管理数据库主要有哪几种方法？
2. 简述保护数据库的方法。
3. 数据库打包的目的是什么？

二、上机练习

1. 压缩"仓库管理系统"数据库。
2. 设置"仓库管理系统"数据库密码。
3. 由"仓库管理系统"数据库生成 ACCDE 文件。
4. 打包"仓库管理系统"数据库。